ERNST MACH

Th.B. phot.   MCM.

Dr Ernst Mach

ERNST MACH

WEGBEREITER DER MODERNEN PHYSIK

MIT AUSGEWÄHLTEN KAPITELN AUS SEINEM WERK

VON

K. D. HELLER
HAIFA

MIT 1 PORTRÄT

1964

SPRINGER-VERLAG

WIEN · NEW YORK

ISBN-13: 978-3-7091-8113-3   e-ISBN-13: 978-3-7091-8112-6
DOI: 10.1007/978-3-7091-8112-6

ALLE RECHTE,
INSBESONDERE DAS DER ÜBERSETZUNG IN FREMDE SPRACHEN, VORBEHALTEN

OHNE SCHRIFTLICHE GENEHMIGUNG DES VERLAGES
IST ES AUCH NICHT GESTATTET, DIESES BUCH ODER TEILE DARAUS
AUF PHOTOMECHANISCHEM WEGE (PHOTOKOPIE, MIKROKOPIE)
ODER SONSTWIE ZU VERVIELFÄLTIGEN

© 1964 BY SPRINGER-VERLAG/WIEN

SOFTCOVER REPRINT OF THE HARDCOVER 1ST EDITION 1964

Titel Nr. 9126

Meiner lieben Frau und Helferin
Jenny
gewidmet

ZUM GELEIT

Als Leiter eines Forschungsinstitutes, das den Namen Ernst Machs trägt und das bestrebt ist, sein physikalisches Vermächtnis zu wahren und in seinem Sinne auszubauen, gebe ich gern meiner Freude über das Erscheinen dieses Buches Ausdruck. Heute, da der Name Mach in aller Munde ist, scheint es mir ein besonderes Verdienst von K. D. Heller zu sein, als hervorragender Sachkenner Leben und Lebenswerk dieses Klassikers der Naturwissenschaften einer breiteren Öffentlichkeit wieder lebendig nähergebracht zu haben. War doch Ernst Mach ein Philosoph und Forscher von seltener Universalität, der — um nur zwei Seiten seines Wesens zu streifen — durch seine erkenntnistheoretische Kritik zum Wegbereiter der allgemeinen Relativitätstheorie geworden ist und auch der experimentellen Forschung Antriebe verliehen hat, die sich noch in der Gegenwart, beispielsweise in der Gasdynamik und Plasmaphysik, als ungemein fruchtbringend erweisen.

Freiburg i. Br., im November 1964

Prof. Dr.-Ing. *Hubert Schardin*

INHALT

	Seite
Einleitung	1
Kindheit und Jugend	3
Studium und Dozentenjahre	11
Prag	16
Die Geschichte und die Wurzel des Satzes von der Erhaltung der Arbeit	23
Die Mechanik	30
E. Mach: Newtons Ansichten über Zeit, Raum und Bewegung	31
E. Mach: Übersichtliche Kritik der Newton'schen Aufstellungen	42
E. Mach: Die Ökonomie der Wissenschaft	48
Die Analyse der Empfindungen	65
Kleinpeter an Mach über Nietzsche	69
Engelmeyers Kritik der Mach'schen Erkenntnislehre	71
Petzoldts Kritik der „Analyse der Empfindungen"	76
Die Wärmelehre	78
E. Mach: Der Substanzbegriff	82
E. Mach: Kausalität und Erklärung	87
E. Mach: Das Ziel der Forschung	94
Philosophischer Lehrstuhl in Wien. Erkenntnis und Irrtum	96
E. Mach: Die Rassenfrage	99
E. Mach: Der Begriff	104
E. Mach: Sinn und Wert der Naturgesetze	119
Die Polemik Max Plancks gegen Mach. Machs Replik: Die Leitgedanken	133
Seine letzten Jahre	137
Machs Stellungnahme zur Relativitätstheorie	144
Anhang	151
Ernst Mach. Von A. Einstein	151
Einige Briefe an Ernst Mach	157
Nachwort. Von V. Kraft	168

Das Porträt (Titelbild) stammt aus dem Ernst-Mach-Institut, Freiburg i. Br.

Mit freundlicher Genehmigung der Verlage sind Abschnitte aus folgenden Werken Ernst Machs übernommen worden:

Die Mechanik in ihrer Entwicklung historisch-kritisch dargestellt, 5. Auflage. Wiesbaden: F. A. Brockhaus. 1904.
Die Prinzipien der Wärmelehre, historisch-kritisch entwickelt, 2. Auflage. Leipzig: J. A. Barth. 1900.
Erkenntnis und Irrtum. Skizzen zur Psychologie der Forschung, 4. Auflage. Leipzig: J. A. Barth. 1920.

Für das nähere Studium Ernst Machs sei hingewiesen auf:
JOACHIM THIELE, Ernst-Mach-Bibliographie. Centaurus, International Magazine of the History of Science and Medicine, Band 8, 1963, S. 189—237.

Berichtigungen

S. 34, Zeile 9 von unten, S. 65, Zeile 5 von unten, und S. 80, Zeile 10 von unten lies: Petzoldt statt: Petzold.
S. 117, Zeile 1 von oben lies: Brechungsindices statt: Buchungsexponenten.

EINLEITUNG

Am 19. Februar 1966 jährt sich der Todestag Ernst Machs zum 50. Male. Diese Auslese aus seinen Schriften, umrahmt von einer Darstellung seines Lebens und Wirkens, soll der Gegenwart die Gedankenwelt dieses Denkers nahebringen. Die Anerkennung seiner Bedeutung als Bahnbrecher der modernen Physik, als Ahnherr des zeitgenössischen Positivismus sowie die Meinung des „Überwundenseins" seines psychologischen Positivismus, beruht häufig mehr auf der Kenntnis Machs aus zweiter Hand als auf der Lektüre seiner Werke.

Anerkennung und Kritik haben beide ihre Berechtigung. Aber die Lektüre Machs lohnt sich noch heute, wie die anderer Klassiker der Wissenschaft und der Philosophie.

Machs Weltanschauung hat ihren ethischen Wert ebensowenig verloren, wie die Kritik der Newton'schen Mechanik ihren wissenschaftlichen.

Seine spezialwissenschaftlichen Arbeiten sind ein Stück Wissenschaftsgeschichte.

Mach selbst hat der Formulierung seiner Gedanken, in wahrer Erkenntnis des Charakters der Wissenschaft, keine unwandelbare Geltung zugeschrieben. Sein historisches Denken, auf der Vergangenheit fußend, wies immer auf besseres Wissen in der Zukunft hin.

Sein Denken, von Kant angeregt, wurzelt in der großen geistigen Bewegung der Aufklärung des 18. Jahrhunderts, geht damit erkenntnistheoretisch auf David Hume zurück, aber auch seine weltanschauliche und ethische Stellungnahme verrät diese Wurzel.

Damit bildet Ernst Mach das Glied einer Kette, die von Hume und anderen Denkern der Aufklärung über Comte und Mill zu dem heute lebendigen Empirismus führt.

In der Vielfältigkeit seiner spezialwissenschaftlichen Produktivität läßt er sich nur mit Helmholtz vergleichen und gehört damit einer nie wiederkehrenden Zeit an.

Aber das Problem der Erkenntnis im allgemeinsten Sinne ist das zentrale Problem der Mach'schen Forschung.

Obwohl Mach mit einer gewissen Berechtigung immer wieder ablehnte, als Philosoph bezeichnet zu werden, gelten die Worte, die sein Schüler Anton Lampa 1930 schrieb:

„Mach war ein Philosoph, und zwar auch ein Philosoph im dem höchsten Sinne, welchen man mit dieser Bezeichnung verbinden kann, das ist, ein Führer der Menschheit, ein Wegweiser zu einem Ideal. Die Wissenschaft ist ihm das Schwert, welches den Weg zu diesem Ziel bahnen soll."

Mein Dank sei an dieser Stelle dem Herrn Dozenten Friedrich Herneck ausgesprochen, dessen Arbeiten, auf die im Text verwiesen ist, ich wesentliche neuere Angaben zur Biographie Machs verdanke, und der mir auch durch briefliche Auskünfte sehr behilflich war.

Herrn Professor Schardin, Leiter des Ernst-Mach-Instituts in Freiburg i. Br., danke ich für die Erlaubnis, die nachgelassene Korrespondenz Ernst Machs einzusehen, und für die Anfertigung von Fotokopien vieler dieser Briefe.

Frau Anna Karma-Mach danke ich für die persönlichen Mitteilungen über Ernst und Ludwig Mach und die Überlassung von weiterem nachgelassenem Material.

Die ausgewählten Stellen aus dem Werk Ernst Machs sind in die moderne Orthographie umgeschrieben.

KINDHEIT UND JUGEND

Die Familie Mach stammt aus Liebenau in Böhmen. Urgroßvater und Großvater waren Weber und besaßen dort eine Kleinbauernwirtschaft.

Der Vater Ernst Machs, Johann, studierte an der Prager Universität Philosophie. Er wurde Gymnasiallehrer und heiratete die Tochter einer Offiziers-, Ärzte- und Advokatenfamilie, Josephine Wenzel Langhans.

Ernst Mach wurde als erstes Kind dieser Ehe am 18. Februar 1838 in Turas, bei Brünn in Mähren, geboren.

Im Jahre 1842 ging Johann Mach mit seiner Familie nach Wien, um die Hauslehrerstelle bei den zwei Kindern des Barons Breton anzunehmen.

Johann Mach erwarb bald ein kleines Gut in Untersiebenbrunn, dreißig Kilometer von Wien entfernt, wo er sich mit seiner Familie niederließ.

Ernst Mach war ein schwaches, elendes Kind, das sich sehr langsam entwickelte. Seine ersten Eindrücke sollen aus der Zeit vor dem Ende des zweiten Lebensjahres stammen und waren visueller Natur. Dann werden die Erinnerungen, trotz Übersiedlung der Eltern in eine neue Umgebung, spärlicher[1]. Die Vermutung Machs, daß die Langsamkeit seiner körperlichen Entwicklung daran schuld gewesen sei, ist wohl unrichtig; es ist die Zeit, wo bei den meisten Menschen eine Amnesie durch Verdrängung der ersten Konflikte besteht.

Maria Mach, die Schwester Ernst Machs, schreibt von den Eltern: „Der Vater war ein praktischer Idealist, mit dem lebhaften Wunsch, seine Lebensarbeit für die Allgemeinheit nützlich zu gestalten. Nützliche Unternehmungen, vor allem erfinderische Versuche zur Ver-

---

[1] FR. HERNECK, Ernst Mach — eine bisher unveröffentlichte Autobiographie. Physikalische Blätter, 1958, Heft 9.
FR. HERNECK, Über eine unveröffentlichte Selbstbiographie. Wissenschaftliche Zeitschrift der Humboldt-Universität, Berlin.
Mathematisch-Naturwissenschaftliche Reihe, Jg. VI, 1956/57, Nr. 3.

besserung der landwirtschaftlichen Produktionsmethoden, waren ihm wichtiger, als die Vergrößerung seines Bankkontos." Sie gibt einen Ausspruch von ihm wieder: „Ich habe mein Leben lang das Geld mit Füßen von mir gestoßen"[1]. Seine Verdienste um die Einführung der Seidenraupenzucht in Europa sollen bahnbrechend gewesen sein. Man findet darüber Einzelheiten bei Henning. Es sei aber, schreibt Henning, von den Arbeiten Johann Machs nur ein Ehrenmal in Brehms Tierleben zurückgeblieben[2].

Johann Mach war sehr eigenwillig. Der „Mach'sche Hartschädel" war nach der Familienkorrespondenz ein Begriff; aber auch bedenkenlose Hilfsbereitschaft, ohne Prüfung der Würdigkeit des Bedürftigen, galt als ererbte Familieneigenschaft.

Die Mutter war eine Künstlernatur, musikliebend, dilettierend als Malerin und Dichterin. Sie sei eine nervöse, schwache Frau von weichem und zartem Charakter gewesen.

Mach war das einzige männliche Kind der Familie. Es gab noch die zwei jüngeren Schwestern, Oktavia und Maria. Maria verdanken wir die schon angeführten Erinnerungen. Sie blieb unverheiratet, verbrachte ihr Leben als Gouvernante in verschiedenen Ländern der österreichisch-ungarischen Monarchie und des Balkans.

Ein unvergeßliches Erlebnis hatte Mach ungefähr im fünften Lebensjahr, als er, in Begleitung seines Kindermädchens, durch Zufall Einblick in eine Windmühle erhielt. Er schreibt darüber in der von Herneck veröffentlichten Selbstbiographie: „Wir hatten eine Post an den Müller zu bestellen. Die stehende Mühle kam bei unserem Eintritt in Gang. Der entsetzliche Lärm, der mich erschreckte, konnte mich nicht hindern, die Verzahnung der Wellen zu sehen, welche in die Verzahnung des Mahlganges eingriff und einen Zahn nach dem andern fortschob. Dieser Anblick wirkte bis in mein reiferes Denken nach und hob, nach meinem Gefühl, das kindliche Denken von dem Niveau des wundergläubigen Wilden zum kausalen Denken empor. Ich stellte mir nicht mehr, um etwas Unverstandenes zu verstehen, Wunderdinge im Hintergrunde vor, sondern suchte in dem zerbrochenen Spielzeug den Schnurlauf, oder Hebel, dem man die Wirkung zuschreiben konnte. Diese Erfahrungen, und andere, begleiteten mich auch bei den Untersuchungen Kants über den Begriff der Ursache."

---

[1] Maria Mach, Erinnerungen einer Erzieherin. Herausgegeben von Ernst Mach.

[2] H. Henning, Ernst Mach als Philosoph, Physiker und Psycholog (1915).

Dasselbe Erlebnis finden wir auch in der Schrift „Die Geschichte und die Wurzel des Satzes von der Erhaltung der Arbeit" erwähnt. Dort schreibt Mach: „Erinnern wir uns an unsere frühere Jugend, so finden wir den Kausalbegriff sehr klar vor, nicht so die richtige und glückliche Anwendung desselben. Bei mir, z. B. — ich erinnere mich dessen genau — trat eine Wendung in meinem fünften Lebensjahr ein. Bis dahin stellte ich mir in jedem unverstandenen Ding, z. B. einem Klavier, einfach eine Menge der wunderbarsten Dinge vor, in bunter Mischung zusammengewürfelt, welchen ich die Tonwirkung zuschrieb. Daß die gedrückte Taste mit dem Hammer die Saite schlägt, fiel mir gar nicht ein zu denken. Da sah ich einmal eine Windmühle. Ich sah, wie die Zähne der Welle in die Zähne des Mahlganges eingriffen, wie ein Zahn den anderen fortschob, und von da an war es mir vollständig klar geworden, daß nicht alles mit allem zusammenhängt, daß es unter den Umständen eine Auswahl gibt. Gegenwärtig hat jedes Kind reichlich Gelegenheit, diesen Schritt zu tun. Es gab aber eine Zeit, wie eben der mehrhundertjährige Hexenglauben beweist, in welcher dieser Schritt nur hervorragenden Geistern gegönnt war." Dieser bedeutungsvolle Schritt des fünfjährigen Mach, der eine furchterregende Situation durch rationale Einsicht überwindet, wirft ein Licht auf die Entstehung der später wohl ausgeprägten Fähigkeit, den Vorgang der naturwissenschaftlichen Erkenntnis zu beschreiben und metaphysische Elemente, die dem Fortschritt der Erkenntnis hinderlich sind, aufzuspüren und zu eliminieren.

Den ersten Unterricht, vom siebenten bis zum neunten Jahr, erteilte ihm sein Vater zuhause. Vom Unterricht in den alten Sprachen fühlte er sich wenig angezogen. Windmühlen und andere Maschinen beschäftigten seine Phantasie, obwohl er deren Mechanismus natürlich nicht in Gänze zu durchschauen vermochte. Dazu kamen die einfachen naturkundlichen Experimente, die ihm sein Vater an Gartenbottich und Blumentopf vorführte, so daß sein Interesse schon damals auf Beobachtung und Auffindung von Zusammenhängen der uns gegebenen Welt gerichtet war.

Auch sonst scheint das, unter den damaligen Verkehrsverhältnissen in ländlicher Abgeschlossenheit aufwachsende Kind, sich eigene Gedanken über die Welt gemacht zu haben. So schreibt er (in der Einleitung der Abhandlung über die Geschichte und die Wurzel des Satzes von der Erhaltung der Arbeit): „Wer noch der Zeit gedenkt, da er aus der Belehrung der Mutter die erste Weltanschauung geschöpft, der wird sich noch erinnern, wie verkehrt und sonderbar ihm damals die Dinge erschienen sind. Ich entsinne mich z. B., daß mir vorzüglich zwei Phänomene große Schwierigkeiten bereiteten. Erstens verstand ich nicht, wie die Welt Lust haben könne, sich nur eine Minute lang von einem König regieren zu lassen. Eine zweite Schwierigkeit war die, welche Lessing so köstlich in ein Epigramm zu fassen wußte:

> Es ist doch sonderbar bestellt,
> Sprach Hänschen schlau zu Vetter Fritzen,
> Daß nur die Reichen in der Welt
> Das meiste Geld besitzen.

Die vielen fruchtlosen Versuche meiner Mutter, mir über diese beiden Rätsel hinwegzuhelfen, mochten ihr wohl einen recht schlechten Begriff von meiner Fassungskraft beigebracht haben. Jeder wird sich an ähnliche Gedankenerlebnisse erinnern," so schreibt Mach, „von da an gibt es aber zwei Wege, sich mit der Wirklichkeit auszusöhnen. Man gewöhnt sich an die Rätsel und sie belästigen uns nicht weiter. Oder man lernt sie an Hand der Geschichte verstehen, um sie von da an ohne Haß zu betrachten." Mach suchte jedes Vorurteil wissenschaftlicher, aber auch religiöser und politischer Natur durch Verständnis der Entstehung zu überwinden und ging für seine Person mit ihnen keine Kompromisse ein.

Nicht zu vergessen ist, daß Mach im Alter von zehn Jahren die Revolution von 1848 miterlebte und die Sympathien der Eltern bei den Revolutionären waren, so daß er in seinen frühkindlichen Auffassungen bestärkt wurde. Sogar die Erinnerungen der jüngeren Schwester Maria an diese Zeit sind recht lebhaft. Sie schildert die Studenten mit breiten Kalabresern am Gutshof, den Aufstand italienischer Soldaten gegen die Offiziere. Ein Wiener Professor, ein Freund des Vaters, Revolutionsflüchtling aus Ungarn, wurde zeitweilig von der Mutter auf dem Gute verborgen gehalten. Der Vater war in freundschaftlichem Kontakt mit den Revolutionären, aktiv aber nicht beteiligt.

Im Alter von zehn Jahren trat Mach in die unterste Klasse des Benediktiner-Gymnasiums in Seitenstetten ein. Der Schüler Mach fand nicht den geringsten Geschmack an frommen Sprüchen, wie Initium sapientiae est timor domini, auch nicht an lateinischer und griechischer Grammatik. Die einzig anregenden Lehrstunden, deren er sich erinnert, war der Geographie-Unterricht, der ihm unterhaltend und leicht erschien.

Die geistlichen Lehrer fanden den Knaben sehr talentlos und gaben dem Vater den Rat, da er zum Studium untauglich sei, ihn ein Handwerk oder ein Geschäft lernen zu lassen. Mach meint, das sei nach den Umständen ein gerechtes Urteil gewesen, denn er wäre gewiß nie ein guter Paragraphenkenner, ein guter Jurist geworden, wie die Mehrzahl seiner Mitschüler.

Der Vater, über den Mißerfolg seines Sohnes sehr betrübt, nahm diesen nach Hause, um ihn selbst in den Unterrichtsgegenständen des Gymnasiums (Latein, Griechisch, Geschichte, Elemente der Algebra und Geometrie) zu unterweisen. Auch bei dem väterlichen Unterricht zeigte der junge Mach für die alten Sprachen wenig Eifer und Verständnis und hatte vor allem, mit der Grammatik nicht geringe Schwierigkeiten. Erst mit der Lektüre der klassischen Autoren gewannen die toten Sprachen ein freundlicheres Gesicht; Mach erreichte bald eine gewisse Fertigkeit im Verstehen und Übersetzen, ohne die seine späteren Arbeiten zur Geschichte der Naturwissenschaft nicht denkbar wären.

Der häusliche Unterricht hatte den Vorteil, daß er mehr den Charakter einer Arbeitsschule hatte. Am Nachmittag arbeitete Mach auf dem Felde mit. Die Familie Mach dachte damals, wie viele andere liberale Familien, an eine Auswanderung nach Amerika, und so willfahrte der alte Mach dem Wunsche Ernsts sehr gern, ihn zweimal in der Woche nachmittags zu einem Schreiner im Orte in die Lehre zu geben. Mehr als zwei Jahre ging Mach in diese Werkstatt. Manche der damals erworbenen Erfahrungen, schreibt Mach, seien ihm in seinem späteren Berufe zustatten gekommen.

Die Erziehung zur manuellen Arbeit brachte sein Denken zu der untrennbaren Verknüpfung mit der manuellen Seite der Naturbeherrschung, die auch kennzeichnend wurde für seine erkenntniskritischen Auffassungen.

Sein Kontakt bei dieser Ausbildung und bei der Arbeit auf dem Felde mit dem handarbeitenden Volke lehrte ihn dasselbe achten, eine Auffassung, die damals den meisten seines Standes abging. Mach schreibt weiter in seiner Autobiographie: „Der Unterschied in der Wertschätzung kam oft deutlich in Gesprächen mit Kollegen zum Ausdruck".

Der Vater war für Ernst Mach ein sehr geeigneter Erzieher. Er benutzte den Latein- und Griechisch-Unterricht, um in vortrefflicher Weise nach Vitruvius, Plutarch und anderen klassischen Autoren, über Archimedes und andere Forscher der Antike, in Latein und

Griechisch zu erzählen. Da klang das Latein und Griechisch schon anders, als bei den Benediktinermönchen mit dem „Initium sapientiae est timor domini".

Im Sommer versammelte der Vater die Dorfjugend am Sonntag nachmittag um sich im Garten, um sie in der Obstkultur und der Pflege der Obstbäume zu unterrichten.

Im übrigen wird Vater Mach nicht verfehlt haben, seinem Sohn bei der Arbeit am Gutshof fachgemäße Aufklärung zu geben.

In diese ländliche Abgeschiedenheit kamen nur hie und da Gäste aus Wien; die Umgebung Ernst Machs war, außer seinen Eltern und den beiden jüngeren Schwestern, nur die Dorfjugend. „Bedürfnis nach großer Gesellschaft und Langeweile konnte nicht anerzogen werden." Das scheint sich bei dem jungen Manne in späteren Jahren bemerkbar gemacht zu haben. Ein Freund schreibt ihm in seiner Dozentenzeit, er solle sich doch mehr gewöhnen, in Gesellschaft zu gehen, um Kontakt mit dem weiblichen Geschlecht zu bekommen.

Mit fünfzehn Jahren kam Mach in die sechste Klasse des Öffentlichen Piaristengymnasiums im Kremsier. Auch dort waren ihm die ewigen religiösen Exerzitien von Herzen zuwider. Die Mehrzahl der Lehrer hatte kein Verständnis für den damals schon selbständig denkenden Kopf. War er doch, durch den freien Unterricht zuhause, weit über den Rahmen eines damaligen Gymnasiums hinausgewachsen. Wie wir später sehen werden, hatte er auch die Bibliothek seines Vaters zur Erweiterung seines Horizonts benützt.

Nur der Lehrer für Physik und der Lehrer für Naturgeschichte vermochten das Interesse Machs zu fesseln, besonders Wessely, der Lehrer für Naturgeschichte, hatte einen starken Einfluß auf Mach. Er vermittelte ihm die Lamarck'sche Entwicklungslehre und die Kant-Laplace'sche Kosmogonie.

Mach blieb im Grunde sein ganzes Leben lang Lamarckist, trotzdem er das zu Ende seiner Universitätsstudien erscheinende Werk Darwins „Über die Entstehung der Arten" enthusiastisch begrüßte; zu sehr leuchtete dem wissenschaftlichen Kopf die wissenschaftliche Leistung ein. Aber noch in der „Mechanik" wendet er ein: „Zur Anpassung gehört auch etwas, das sich anpassen will", und er konnte sich die Entwicklung nicht ohne Vererbung erworbener Eigenschaften vorstellen.

Die Freundschaft mit Wessely hielt Mach bis ins hohe Alter aufrecht. Mach erfreute ständig seinen früheren Lehrer durch Zusendung seiner Publikationen, Bücher und Begleitschreiben mit dankbaren

Erinnerungen an den genossenen Unterricht. Noch 1901 schreibt Wessely zur Pensionierung Machs aus Kremsier: „... aber auch ich, insbesondere, schulde Ihnen, hochverehrter Herr Professor, einen tiefgefühlten Dank für die Jahre hindurch mir, dem schlichten einfachen Lehrer, bewiesene Anhänglichkeit und Güte und den Sie so oft durch Zusendung Ihrer wissenschaftlichen Arbeiten erfreut und geehrt haben.

Über alles aber schätze ich die goldenen Worte aus einem Ihrer Briefe, den ich sorgfältig aufbewahre und dessen Wortlaut ich anzuführen mir erlaube: ‚Lebhaft stehen die wenigen Unterrichtsstunden in Naturgeschichte und Geologie vor mir, die ich bei Ihnen noch in der Oktava gehört habe. Sie haben es meisterlich verstanden, das lebhafte Interesse für die Sache, das Sie selbst hatten, auch bei anderen zu erregen. Ohne diese so wichtige Kunst ist doch alle übrige Pädagogik und Dialektik verloren'. Dieses Urteil hat für mich mehr und einen größeren Wert, als jede Dekoration und nun wünsche ich Ihrem Alter ein fröhlichers Verfließen, als es bei mir, dem 83jährigen, der Fall ist[1]."

Leider ist dieser gute Wunsch nicht in Erfüllung gegangen und Mach waren viele Jahre schweren körperlichen Leidens nicht erspart.

1855 maturierte Mach am Kremsierer Gymnasium. Er meint, es sei reiner Zufall gewesen, daß er durchgekommen sei, der Primus der Klasse fiel durch und mußte Theologie studieren. Im gleichen Jahr bezog er die Wiener Universität, um dort Mathematik und Physik zu studieren.

Eine entscheidende Anregung verdankt Mach indirekt seinem Vater. In einer Fußnote der „Analyse der Empfindungen" (S. 24 der 6. Auflage) finden wir folgende Bemerkung: „Ich habe es stets als besonderes Glück empfunden, daß mir sehr früh (im Alter von fünfzehn Jahren etwa) in der Bibliothek meines Vaters Kants „Prolegomena zu einer jeden künftigen Metaphysik" in die Hände fiel. Diese Schrift hatte damals einen gewaltigen, unauslöschlichen Eindruck auf mich gemacht, den ich in gleicher Weise bei späterer philosophischer Lektüre nie mehr gefühlt habe ..." An anderer Stelle schreibt er: „Schon 1853, in früher Jugend, wurde meine naiv-realistische Weltauffassung durch die Prolegomena Kants mächtig erschüttert."

---

[1] Die Briefe Franz Xaver Wesselys sind in der nachgelassenen Korrespondenz Ernst Machs im Ernst-Mach-Institut, Freiburg i. Br., zu finden.

Die Prolegomena Kants, die im Wesentlichen die Gedankengänge der Kritik der reinen Vernunft für diejenigen Leser wiedergibt, die sich durch das große und umständliche Werk nicht durcharbeiten wollen (das war die Absicht Kants bei der Abfassung des Werkes), ist eine recht schwierige Lektüre für einen fünfzehnjährigen Knaben. Doch wäre es verfehlt, daraus auf eine geistige Frühreife zu schließen. Das durch den offensichtlich guten häuslichen Unterricht des Vaters vermittelte Wissen genügte sicher zum Verständnis des Werkes. Ein jeder Jugendliche mit etwa Hochschulreife kann wohl, entsprechendes Interesse vorausgesetzt, in das Werk eindringen.

Das Besondere ist hier das Interesse; dieses ist wohl kein häufiges, aber deutet noch lange nicht auf den zukünftigen bedeutenden Kopf. Anders ist es mit folgendem — wir lesen weiter: „... etwa zwei oder drei Jahre später empfand ich plötzlich die müßige Rolle, welche das ‚Ding an sich' spielt. An einem heiteren Sommertag im Freien erschien mir einmal die Welt samt meinem Ich als *eine* zusammenhängende Masse von Empfindungen, nur im Ich stärker zusammenhängend. Obgleich die eigentliche Reflexion sich erst später hinzugesellte, so ist dieser Moment für meine ganze Anschauung bestimmend geworden ..."

Tatsächlich ist in diesen Sätzen die Wurzel der Mach'schen Erkenntnislehre gegeben. Hier offenbart sich in dem 17- bis 18jährigen der zukünftige originale Denker.

Im Greisenalter schreibt er in seinem letzten Werke „Kultur und Mechanik": „Mit zunehmendem Alter, wenn wir uns des Nachlassens unserer Sinne bewußt werden, verlieren wir uns oft in der Vergangenheit; die Erinnerung der ersten Kindheit, an längst entschwundene Tage, an die primitivste, zumeist aber freundlichste Epoche unseres Daseins steigt herauf. Mit leuchtenden Farben malte sich uns damals alles zu unvergänglichen Bildern und träumend erleben wir die Welt jener Erstlingstage wieder: Gerüche, Farben, Formen, Tastempfindungen vermittelten uns damals weit vollkommener unsere viel zarteren, empfänglicheren Sinne. Wir werden gewahr, wie unendlich reich und fruchtbar jene Zeit war, welche Fülle von Eindrücken auf uns einstürmten und wie wir noch heute, im Grunde genommen, in unserer damaligen Empfindungswelt wurzeln."

STUDIUM UND DOZENTENJAHRE

Mach war nicht der Sohn eines reichen Vaters. Der Lebensunterhalt in Wien, ein Betrag von dreißig Gulden monatlich, war nicht leicht zu verschaffen. Später ermöglichte eine Anleihe, die ein väterlicher Freund, Professor C. Lott, dem jungen Manne gab, seine Habilitierung als Privatdozent.

Wie Mach berichtet, waren die mathematischen und naturwissenschaftlichen Fächer noch schwach vertreten. So mußte er sich die Elemente der Differential- und Integralrechnung durch Privatfleiß erwerben, damit er den Vorlesungen, die diese voraussetzten, folgen konnte[1]. Da er den Doktorgrad in einer Zeit von vier Jahren erwarb, um danach sofort die Dozentur anzustreben, mußte der junge Mann eine weitgehende persönliche Initiative entfalten.

Der „kühne Entschluß", sich zu habilitieren, bei den geringen Subsistenzmitteln, die ihm zur Verfügung standen, sei durch seine labile Gesundheit bestimmt worden, da er sonst die aufreibende Laufbahn eines Gymnasiallehrers hätte ergreifen müssen[2]. Worin die Labilität seiner Gesundheit bestand, wissen wir nicht. Wir dürfen annehmen, daß dieser Grund ein verzeihlicher Vorwand war, da die Belastung durch die eingeschlagene Karriere keine geringere war, als bei der Arbeit eines Gymnasiallehrers.

Am 20. Januar 1860, mit zweiundzwanzig Jahren, erwarb Ernst Mach den Doktorgrad. Die erste Arbeit des jungen Doktoranden handelt „Über elektrische Entladung und Induktion". Schon am 2. Juli 1860 reichte Mach sein erstes Habilitationsgesuch für Physik als Vorschule für Physiologie ein. Er zog aber seine Bewerbung mit der Begründung zurück, noch eine weitere Arbeit vorlegen zu wollen. Am 14. Januar 1861 wiederholte Mach das Ansuchen um die venia legendi, die sich nicht nur auf ein Einzelgebiet, sondern auf „Physik

---

[1] Fr. Herneck, Ernst Mach, eine bisher unveröffentlichte Autobiographie. Physikalische Blätter, 1958, Heft 9.

[2] Unveröffentlichte Erinnerungen Machs aus seinem Nachlaß, deren Überlassung ich Frau Anna Karma-Mach verdanke.

überhaupt im unbeschränkten Sinne" bezog. Das Kolloquium fand am 14. Februar, der Probevortrag, vor dem unter dem Vorsitz Ettinghausens stehenden Professorenkollegium, am 23. Februar 1861 statt[1].

Christian Doppler (1803—1853), der Assistent am Polytechnischen Institut in Wien war, beobachtete 1841 Erhöhung bzw. Erniedrigung der Frequenz der Schallwellen durch Annäherung bzw. Entfernung der Quelle zum Beobachter. Die Beobachtung war schon damals leicht durch die neue Erfindung der Lokomotive zugänglich. Die Entdeckung wurde nicht in der gebührenden Weise gewürdigt, vor allem hatte der angesehene Mathematiker Petzval ihr seine Anerkennung in Wien versagt.

Mach gelang es mit einer ingeniösen Versuchsanordnung, den Doppler-Effekt im Laboratorium zu erzeugen und die Abhängigkeit der Frequenz von der Bewegung der Quelle nachzuweisen. 1860 äußert Mach in einem Brief an Kirchhoff die Vermutung, daß die Farbänderung der Doppelsterne von ihrer Bewegung abhänge. Kirchhoff diskutiert diese Hypothese Machs in einem Antwortschreiben, ohne sich ihr noch ganz anschließen zu können[2].

Im gleichen Jahr gibt Mach die Anregung an Hofrat Auer, Photokopien von Briefen und Dokumenten zu erzeugen. Der Vorschlag wird als zu teuer abgelehnt[2].

In dieser Zeit mußte Mach, um seinen Lebensunterhalt zu fristen, populäre Vorträge halten, so über die Helmholtz'sche Lehre der Tonempfindung und über Fechners Psychophysik. Über Fechners Psychophysik meint Mach später, daß sie „Annehmbares und Unannehmbares in inniger Verbindung bot[3]". Er äußert sich sehr abfällig über diese seine damalige Tätigkeit, indem er meint, er hätte in der Zeit noch sehr wenig von der Sache verstanden.

Helmholtz' Arbeit über Tonempfindung gab Mach später neu heraus. Beschäftigung mit Fragen der Musiktheorie blieben immer ein ihn interessierender Gegenstand. Das wenige Geld, das er damals verdiente (zeitweise mußte er sogar Privatstunden in Mathematik und Volksschulunterricht geben)[4], wurde zum Teil noch für Klavier-

---

[1] Ich verdanke diese Angaben Herrn Goldinger vom österreichischen Staatsarchiv, der mir einen Auszug der Akten des ehemaligen k. u. k. Ministeriums für Kultus und Unterricht einsandte.

[2] Nachgelassene Korrespondenz im Besitze des Ernst-Mach-Instituts, Freiburg i. Br.

[3] Leitgedanken meiner naturwissenschaftlichen Erkenntnislehre und ihre Aufnahme durch die Zeitgenossen. Physikalische Zeitschrift, 1910.

[4] Erinnerungen (überlassen von Frau Anna Karma-Mach).

stunden geopfert. Mach spielte Klavier und Orgel, bis 1898 ihn seine gelähmte Hand daran hinderte[1].

Mach meint, daß seine wissenschaftlichen Arbeiten aus jener Zeit durchaus den Charakter von Gelegenheitsarbeiten trugen. Sie wurden angeregt durch den Verkehr mit den Physiologen C. Ludwig und E. Brücke und ermöglicht dadurch, daß ihm Duschek, der Vorstand der internen Klinik, im Garnisonsspital sein Laboratorium zur Verfügung stellte[2].

Die Zeit war nicht ohne Bedeutung. So schreibt Mach in den „Leitgedanken meiner naturwissenschaftlichen Erkenntnislehre und ihre Aufnahme durch ihre Zeitgenossen": „Nach Beendigung der Universitätsstudien fehlten mir, zum Unglück oder Glück, die Mittel zu physikalischen Untersuchungen, wodurch ich auf das Gebiet der Sinnesphysiologie gedrängt wurde. Hier, wo ich meine Empfindungen, zugleich aber die Bedingungen in der Umgebung beobachten konnte, gelangte ich, wie ich glaube, zu einer natürlichen, von spekulativ-metaphysischen Zutaten freien Weltauffassung."

Seine damaligen Arbeiten trugen ihm ein Stipendium von der Akademie der Wissenschaft ein. Er schreibt in seiner Selbstbiographie: „Ich nahm es nicht ohne Besorgnis an, da ich nicht wissen konnte, ob mir genügend interessante Funde dieser Art gelingen würden[3]. In seinen Erinnerungen schreibt er, daß er den Dank für die Geldzuwendungen erst 1873 bis 1875 abtragen konnte, durch seine Arbeit über Bewegungsempfindungen[4]. Wir werden später sehen, daß Mach wesentlich zur Vestibularforschung beigetragen hat.

Im Wintersemester 1861 bis 1862 erscheint der Name Ernst Mach zum ersten Mal im Vorlesungsverzeichnis; er las im pharmakologischen Hörsaal des Gebäudes der ehemaligen K. u. K. Gewehrfabrik in der Alservorstadt dreimal in der Woche „Physik für Mediziner", ferner im Saale 11 einmal wöchentlich „Methoden der physikalischen Forschung" und schließlich ebendaselbst einmal in der Woche „Höhere physiologische Physik[5]".

Das Manuskript für die Vorlesung „Physik für Mediziner" ist die Grundlage für das kaum mehr bekannte „Kompendium der

---

[1] Persönliche Mitteilung von Frau Anna Karma-Mach.
[2] Erinnerungen (überlassen von Frau Anna Karma-Mach).
[3] Fr. Herneck über eine unveröffentlichte Selbstbiographie E. Machs.
[4] Erinnerungen Machs, überlassen von Frau Anna Karma-Mach.
[5] Fr. Herneck, Wiener Physik vor 100 Jahren. Physikalische Blätter, 1961, S. 455—461, Heft 10.

Physik für Mediziner", wo Mach noch nicht die entschieden kritische Einstellung zur Atomtheorie einnimmt, wie später. Jedoch meint er schon, „daß sie nicht das Letzte und Höchste sei", jedoch akzeptiert werden müsse, weil sie die Erscheinungen in einem einfachen und anschaulichen Zusammenhang bringt.

Im Sommersemester 1862 hielt Mach ein einstündiges Colleg „Die Prinzipien der Mechanik und der mechanischen Physik in ihrer historischen Entwicklung". Zwanzig Jahre später führte Mach das Thema aus in seinem klassischen Werke „Die Mechanik in ihrer Entwicklung, historisch-kritisch dargestellt", das Einstein zu seiner Relativitätstheorie anregte[1].

In seiner Wiener Dozentenzeit erwarb Mach einen lebenslangen Freund und Gesinnungsgenossen, Ing. Josef Popper, der unter dem Schriftstellernamen Popper-Lynkeus bekannt wurde. Aus den Werken Machs ist zu ersehen, welche Rolle Popper für Mach auch in seinen wissenschaftlichen Arbeiten spielte. Aber die gemeinsame Gesinnung war wohl das stärkste Band. Beide waren erfüllt von Widerwillen gegen den damals herrschenden Klerikalismus in Österreich, und von Bewunderung für das achtzehnte Jahrhundert und die Ideale der Aufklärung.

1864 erhielt Mach die Berufung als ordentlicher Professor an die Universität Graz. Mach schreibt in den schon wiederholt angeführten Erinnerungen: „Die Gunst der Mediziner Rokitansky, Oppolzer usw. hätte mich beinahe nach Salzburg an die chirurgische Anstalt verschlagen, wo ich vielleicht ein halbes Leben lang begraben gewesen wäre. Zum Glück wurde ich für die Professur für Mathematik vorgeschlagen, wo ich, wenn auch nicht mein Fach, so doch ein genau umschriebenes Fach zu dozieren hatte, nicht wie in Salzburg ein Sammelsurium von allen möglichen Naturwissenschaften. Die Ernennung für die ordentliche Professur der Mathematik, mit ihrem mehr als bescheidenen Gehalte von 150 Gulden, war für mich eine Erlösung von allen drückenden Sorgen; sie gab mir Mut, sie gab mir meine Gesundheit und sogar meinen natürlichen Übermut zurück. Ich dachte nicht daran, daß es bessere Stellen gäbe. Ich konnte nun bessere und größere Arbeitsthemen wählen. Zwar hatte ich das Recht, über Physik zu lesen, aber mir fehlte nur ein Institut und auch die kleinste Dotation, so daß ich mir Apparate und alle

---

[1] Fr. Herneck, Wiener Physik vor 100 Jahren. Physikalische Blätter, 1961, Heft 10.

experimentellen Behelfe von meinen spärlichen Privatmitteln beschaffen mußte." 1866 wurde Mach auch zum ordentlichen Professor der Physik in Graz bestellt. Mach bekam noch Jahre später dankbar bewundernde Briefe von seinem Nachfolger in Graz über das zurückgelassene, zum Teil selbst konstruierte, Inventar an Apparaten.

„Obwohl meine Arbeiten einen größeren Zug annahmen, blieb das Experimentalgebiet doch das in Wien gewählte der Sinnesphysiologie und Psychophysik."

Auch in der privaten Sphäre wird Graz für Mach bedeutungsvoll. Hier lernt er seine spätere Lebensgefährtin, eine Vollwaise, Ludovica Marrusig, kennen. Er heiratet am 1. August 1867, nachdem er im April der Berufung nach Prag gefolgt war. Er schreibt in seiner Selbstbiographie, daß bei dem geringen Jahresgehalt von 1300 Gulden etwas Mut dazu gehörte, einen Hausstand zu gründen. Den Gedanken, eine vorteilhafte Partie zu suchen, weist er mit Humor in einem Brief an die Eltern aus der Wiener Zeit zurück[1].

Auch sonst war Graz ein Ort, wo Mach lebenslange Freunde erwarb. Hier lernte er den jungen Nationalökonomen Emanuel Hermann kennen. Welche Rolle er für Machs Gedankenwelt spielte, sehen wir aus folgender Bemerkung in den „Leitgedanken":

„Durch den Verkehr mit dem Nationalökonomen Hermann, der seinem Berufe gemäß ebenfalls das wirtschaftliche Moment in jeder Art von Beschäftigung aufzuspüren suchte, gewöhnte ich mich, die geistige Tätigkeit des Forschers als eine wirtschaftliche oder ökonomische zu bezeichnen."

Mach gedenkt der Grazer Zeit mit den besten Gefühlen. „Ich lernte in Graz mehrere prächtige Menschen kennen." Er erwähnt noch den Physiologen A. Rollet, den Psychologen Oskar Schmidt, den er zur Annahme der Entwicklungslehre veranlaßte, und eine Reihe heute vergessener Namen.

---

[1] FR. HERNECK, Wiener Physik vor 100 Jahren. Physikalische Blätter, 1961, Heft 10.

PRAG

1867 erfolgte die Berufung Machs nach Prag auf den Lehrstuhl für Experimentalphysik, den er bis 1895, also 28 Jahre innehatte. Hier findet er endlich eine Wirkungsstätte, wo er sich voll entfalten kann.

Mach schreibt in seinen Erinnerungen: „Es war im April 1867, als ich von dem heiteren, freundlichen Graz nach dem schönen, düsteren Prag übersiedelte, wohin mich meine Bestimmung und mein Beruf führte."

Prag war und ist zweifellos eine schöne Stadt. Der Blick von der Karlsbrücke auf die Kleinseite und ihre Barockbauten, überragt vom Hradschin und dem St. Veitsdom, ist wohl jedem, der ihn gesehen hat, unvergeßlich.

Aber auch der Ausdruck „düster" war zur damaligen Zeit nicht unzutreffend. Es war die Stadt, die uns in Meyrinck's Golem entgegentritt, es war die Geburtsstadt Rilkes.

Die Tochter Machs, Frau Lina Lederer, die noch heute in hohem Alter in den Vereinigten Staaten lebt, schildert das Prag der damaligen Zeit: „In sanitärer Beziehung ließ die Stadt alles zu wünschen übrig. Die Straßen unsauber, staubig und elend gepflastert. Die kleinen Lebensmittelgeschäfte schmutzig; die Eßwaren wurden oft nur in alte Schulhefte und sonstiges Makulaturpapier gepackt. Das weitaus schlimmste war der Mangel an gutem Trinkwasser. Dieses war meistens nur mittels Ziehbrunnen erhältlich und infolge schlechter Kanalisation total verseucht. Typhus war endemisch, der jährlich viele Opfer forderte. Gefürchtet von jedermann ebenso die schwarzen Blattern. Prag hatte ein eigenes Blattern-Spital, das das ganze Jahr hindurch besetzt war. Wer dem Typhus entgehen wollte, mußte abgekochtes Wasser trinken oder Mineralwasser aus den nördlichen Bädern Gieshübeler oder Krondorfer. Die Verbindung zwischen den Stadtteilen war höchst mangelhaft. Wenn man Entfernungen nicht zu Fuß bewältigen konnte, standen nur sogenannte Droschken zur Verfügung, zweifelhafte zwei- bis viersitzige Wagen, mit einem alten abgerackerten Pferd bespannt. Diese Droschken dienten an Stelle von Ambulanzen auch dazu, Infektionskranke in die Spitäler zu befördern."

In seinen Erinnerungen schildert Mach seinen Antrittsbesuch beim Rektor, wo er eine solche Droschke benützte: „Zunächst hatte ich mich natürlich dem Universitätsrektor vorzustellen. Ich wählte einen Wagen und wollte eben einsteigen, als mir der Kutscher den freundlichen Rat zurief, damals noch auf Deutsch: ‚Gebens acht auf Zylinder!' — ‚Das weiß ich doch', war meine Antwort. — ‚Oh nei', replizierte der freundliche Fuhrmann, ‚Professor H. stößt sich jedesmal ihn ein'. Er nannte den Rektor, dessen Zerstreutheit sprichwörtlich war, und agnostizierte mich sogleich als Schulmeister, dem man ähnliches zutrauen kann.

Die Audienz beim Rektor hätte für jeden Unbefangenen einen äußerst komischen Eindruck gemacht. Ich hielt ihn seines Namens wegen für einen Tschechen, er aus demselben Grunde auch mich. Es begann also, da man eine Vorstellung doch nicht gern zum Anlaß eines Streites nimmt, von beiden Seiten ein sehr vorsichtiges Sondieren . . ."

Diese Zeilen zeigen schon den heißen Boden des Nationalitätenstreites, auf den Mach in Prag geriet.

Der Nationalitätenkampf hatte in den tschechischen Ländern kein Ende bis zur Vertreibung der Sudetendeutschen im Jahre 1945. Die im neunzehnten Jahrhundert zum nationalen Selbstbewußtsein erwachte tschechische Nation forderte ihre kulturellen und politischen Rechte.

Ernst Mach war frei von nationalen und religiösen Vorurteilen. Er trat immer, wann es von ihm gefordert wurde, aufrecht gegen den damals in Österreich herrschenden Klerikalismus und gegen Chauvinismus und Nationalitätenhaß auf.

Seine Tochter, Frau Lina Lederer, führt eine wiederholt geäußerte Meinung ihres Vaters an: „Ich halte die Nationalitätsidee für eine bedauerliche Borniertheit und einen furchtbaren Rückschritt. Unter diesem Vorwand werden die größten Brutalitäten begangen, wie unter dem Vorwand der Religion im siebzehnten Jahrhundert."

Im Vorwort zu Kleinpeters deutscher Übersetzung von Stallo „The Concepts and Theories of modern Physics" schreibt Mach: „Die Größe der individuellen Variationen innerhalb eines Volkes setzt eben jeden Vergleich der Völker nach Einzelerscheinungen gar zu sehr der Gefahr des Zufalls aus. Zur Gewinnung brauchbarer

Mittelwerte von Verstand und Gemüt eines Volkes fehlt aber, außer der Klarheit der Maßbegriffe, derzeit noch vor allem die zuverlässige statistische Methode."

Der Nationalitätenkampf wurde in den tschechischen Ländern schon damals mit einer solchen blinden Wut geführt, daß dem Historiker dieser Epoche der Nationalsozialismus, diese größte Schändung all dessen, was Menschenantlitz trägt, tiefere historische Wurzeln zu besitzen scheint.

Beide Seiten ließen es an Niederträchtigkeit nicht fehlen. Ein deutscher Landtagsabgeordneter machte die tschechische Sprache verächtlich, indem er sie als Sprache der Dienstboten bezeichnete, die im Landtag nicht benutzt werden dürfe. Die Deutschen drückten eine Sprachenverordnung durch, die die Tschechen stark benachteiligte.

Die Tschechen reagierten darauf mit Gewalt. Frau Lina Lederer schildert als Augenzeugin die Ereignisse: „Die von Deutschen oder Juden bewohnten Häuser wurden von den Anführern schon früher bezeichnet. Manche jüdische Familie wollte sich dadurch retten, daß sie ein Kruzifix, flankiert von zwei brennenden Kerzen, zwischen die Fenster stellte. Es war alles umsonst. Beim Anbruch der Dunkelheit begann der Straßenkampf. Deutsch sprechende Passanten wurden niedergeschlagen, der Pöbel bearbeitete die gesperrten Haustüren mit Äxten, Leute wurden halb nackt auf die Straße gejagt und mißhandelt."

Der Antisemitismus war auf beiden Seiten eine Begleiterscheinung, indem jeweils den Juden die Unterstützung der gegnerischen Seite vorgeworfen wurde.

Ernst Mach sah es als seine Pflicht an, hier in seinem Bereiche für Humanität einzutreten. Eine verlockende Berufung, 1882 nach Jena, 1885 nach München, lehnte er mit der Begründung ab, daß er ein Verlassen von Prag als eine Desertion empfinden würde.

Um die Besetzung einer jeden freigewordenen Lehrkanzel wurde ein unsachlicher Kampf vom nationalen Standpunkt aus geführt. Diese Kämpfe wurden oft von der Studentenschaft handgreiflich ausgefochten.

Von deutscher Seite, und insbesondere von Mach, der in dieser Zeit, 1879/1880, die Rektorswürde der Karlsuniversität bekleidete, ging das Ersuchen an die Regierung in Wien, eine zweite Universität für die Tschechen in Prag zu errichten, um damit den nationalen Kämpfen innerhalb der Universität ein Ende zu bereiten.

Der Vorschlag war keineswegs im Sinne des tschechischen Nationalismus, der die gesamte Karlsuniversität für sich beanspruchte. Es kam schließlich nicht zur Neuerrichtung einer tschechischen Universität, sondern zu der Teilung der alten in eine tschechische und eine deutsche.

Auf eine Anfrage nach den Personalakten Ernst Machs an die Prager Universität bekam ich von Professor F. Kavka, Direktor des Institutes für Geschichte der Karlsuniversität in Prag, unter anderem folgenden Bescheid: „Bei der Teilung der Karlsuniversität gehörte Prof. Ernst Mach unter diejenigen deutschen Mitglieder des Kollegiums, welche eine nationalistische Position einnahmen und gegen eine Teilung der Karlsuniversität in zwei gleichberechtigte Universitäten waren. Er gab nur zu, daß eine tschechische Universität als neue Hochschule errichtet werde. Diesem seinem Standpunkt gab er auch dadurch Ausdruck, daß er nach seiner zweiten Rektorswahl 1883 für die damals schon geteilte Karl-Ferdinand-Universität das Amt niederlegte, aus Protest dagegen, daß der Rektor der tschechischen Universität mit ihm als gleichberechtigtes Mitglied im Landtag sitzen sollte."

Diese Angabe ist keineswegs im Einklang mit dem Gesamtbilde, das wir von Ernst Mach haben. Die Tochter Ernst Machs, Frau Lina Lederer, erinnert sich deutlich an die guten Beziehungen mit tschechischen Professoren auch nach der Teilung der Universität. Der Korrespondenz Machs ist das Gleiche zu entnehmen.

Es ist wohl richtig, daß die deutsche Studentenschaft Mach eine Dankadresse für seine Verdienste um die deutsch-nationale Sache überreichte, aber nur ein genaues Studium der Zeitumstände, das bisher nicht möglich war, kann die Widersprüche zwischen Machs geäußerten Ansichten und den angeführten Angaben aufklären. Im Zusammenhang mit der sonst unerschrockenen Vertretung seiner politischen und weltanschaulichen Ansichten, die noch später gezeigt wird, kann man annehmen, daß Mach nicht von einem einseitig nationalistischen, sondern wahrhaft humanistischen Gesichtspunkt, wie auch sonst, geleitet wurde.

Hier in Prag ist der Ort, wo die klassischen Arbeiten Machs auf dem Gebiete der Physik, der Sinnesphysiologie, die historisch-kritischen Arbeiten über Physik und die Formulierung seiner Erkenntnislehre entstanden.

1872 erscheinen die „Optisch-akustischen Versuche", 1875 die „Grundlinien der Lehre von den Bewegungsempfindungen".

Der in den „Optisch-akustischen Versuchen" eingeschlagenen Forschungsrichtung folgten viele andere Arbeiten von ihm selbst und seiner Schüler, und vor allem von seinem Sohne Ludwig.

Mach verdankt man die erste stroboskopische Darstellung der Luftschwingungen, von ihm und J. Kessel rührt die Mehrzahl der stroboskopischen Methoden her.

Mach führte Messungen der Fortpflanzungsgeschwindigkeit von Schallwellen, Explosionswellen und solchen Wellen, die durch elektrische Funken erzeugt werden, durch. Er erhielt dabei das Ergebnis, daß der Wert der Fortpflanzungsgeschwindigkeit des Schalles in der unmittelbaren Nähe des Entstehungsortes bedeutend größer war, als der Mittelwert (340 m/sec), nämlich bis zu 756 m/sec.

Die Luftverdünnungen und Luftverdichtungen werden nach der Schlierenmethode photographisch aufgenommen. Bei den Untersuchungen an fliegenden Projektilen wurde ein Verfahren angewendet, das automatisch die ganze Apparatur im richtigen Moment auslöste.

Es zeigte sich eine Kopfwelle und eine Schwanzwelle (Luftwirbel hinter dem Schußkanal). Das Projektil verhält sich also wie ein Schiff im Wasser, aber nur, wenn das Geschoß eine größere Geschwindigkeit aufweist als die Schallgeschwindigkeit.

Die Kopfwelle wird als Knall gehört. Nach Mach gibt es einen doppelten Knall. Der erste, am Ziel gehörte, fliegt mit dem Projektil; der zweite (Donner des Geschützes) rührt von den Pulvergasen her.

Salcher führte im Kriegshafen Pola zwischen 1886 bis 1895 für Mach Beobachtungen durch, von denen er in 137 Briefen aus jener Zeit berichtet, die in der Korrespondenz Machs im Mach-Institut in Freiburg zu finden sind.

Mach untersuchte den Gangunterschied der Lichtkomponenten in einem tönenden Glasstab und in einem von einem Gewicht gedehnten Glasstab. Er fand, daß der Gangunterschied geändert wird und daß die Drucke beträchtlich steigen, so daß das Springen von Glas beim starken Tönen begreiflich wird.

Die Forschungen wurden von Kranz weitergeführt und werden heute in dem nach Mach benannten Institut in Freiburg i. Br. unter der Leitung von Prof. H. Schardin fortgesetzt. Sie haben heute aus verständlichen Gründen eine ganz besondere, praktische Bedeutung erlangt.

Die damals sich entwickelnde Phototechnik verdankt Mach eine Reihe von Anregungen.

Auch das didaktische Inventar des Physikalischen Kabinetts verdankt Mach einiges. So die Mach'sche Wellenmaschine, eine Modelldarstellung des Wellenvorganges, und den Pendelapparat zur Darstellung der Beschleunigung.

Durch seine 1875 erschienene Arbeit über die Grundlinien der Lehre von den Bewegungsempfindungen fühlte sich Mach erst von der Dankesschuld für das seinerzeit von der Akademie der Wissenschaften in Wien empfangene Stipendium befreit.

„Ein Zufall führte mich", so schreibt Mach, „auf das Studium der Bewegungsempfindungen zurück. Ich beobachtete die Schiefstellung der Häuser und Bäume beim Durchfahren der Eisenbahnkurven."

Die Geschichte der Erforschung der Bewegungsempfindungen und die Entdeckung eines besonderen Sinnesorgans dafür, ist ohne den Namen Ernst Mach nicht vollständig.

Die ersten Untersuchungen über Bewegungsempfindungen finden wir bei Johannes Evangelista Purkinje (1787—1869) aus Prag. Unter dem Titel „Beiträge zur näheren Kenntnis des Schwindels aus heautognostischen Daten" veröffentlichte Purkinje 1820 Untersuchungen über Schwindel auf Grund von Selbstversuchen. Purkinje, ein Tscheche, war Professor der Physiologie in seiner Heimat Prag.

Er war der erste, der Nystagmus nach Drehung beobachtete. Er wußte, daß Nystagmus und Schwindel am Menschen während und nach der Drehung gemeinsam auftreten, er wußte aber nicht, daß diese beiden Phänomene durch die Reizung des Vestibularapparates ausgelöst werden. Seiner Meinung nach waren die Erscheinungen eine Wirkung der beim Drehen auftretenden Zentrifugalkraft auf das Gehirn.

Wenige Jahre später, 1824, machte der französische Forscher Flourens Versuche an Tauben. Er schnitt ihnen beide horizontalen Bogengänge des Labyrinthes durch und beobachtete, daß sie nach wie vor auf akustische Reize reagierten, aber eigenartige Erscheinungen zeigten.

Er kam zu folgenden Resultaten: Nach Verletzung des horizontalen Bogenganges bei Tauben, traten horizontale Kopfbewegungen und Körperbewegungen auf; nach der des vorderen vertikalen Bogenganges kam es zu vertikalen Kopfbewegungen und Überschlagen des Körpers nach vorne, während nach Verletzung der hinteren vertikalen Kanäle nebst den vertikalen Kopfbewegungen Überschlagen des Körpers nach hinten erfolgte. Auch konnte Flourens bei den Tierexperimenten heftige Augenbewegungen sehen.

Aus seinen Experimenten zog Flourens den Schluß, daß der achte Hirnnerv eigentlich aus zwei Nerven bestehe: einmal der „vrai nerf auditif" und einer für die Bogengänge, „le nerf des canaux semicirculaires", der die Bewegungen des Körpers kontrolliert.

1852 erst war das Nervenendorgan der Schnecke durch Corti entdeckt worden, auf welcher Entdeckung sich die Helmholtz'sche Theorie der Tonempfindung gründete. Aber noch Helmholtz schrieb dem Vorhof- und Bogengangapparat gewisse akustische Funktionen zu.

Erst 1870 wiederholte in Wien Goltz die Versuche Flourens', ohne bei weitem dessen experimentelle Genauigkeit zu erreichen.

1875 erschien die Arbeit Machs über Bewegungsempfindungen, die auf Selbstversuchen beruht, die mit äußerster Genauigkeit ausgeführt wurden, gleichzeitig und unabhängig mit der Arbeit des Wiener praktischen Arztes Breuer[1] und des Edinburgher Chemikers Brown Crum, die auf sorgfältig ausgeführten Versuchen an Tauben beruhten.

Alle drei Autoren stimmen darin überein, daß sich der Vestibularapparat aus zwei Sinnesorganen zusammensetzt, von denen das eine (Utriculus und Sacculus-Otolithen) für die Empfindung der Lage des Kopfes oder für Progressivbewegungen verantwortlich sei, während das andere Organ (die drei Bogengänge) die Drehbewegungen von Körper und Kopf vermitteln. Die Mach-Breuer'sche Theorie wird bis heute im wesentlichen anerkannt[2].

---

[1] Breuer hat noch auf einem anderen Gebiet Bedeutung. Er veröffentlichte gemeinsam mit Sigmund Freud die berühmten Studien über Hysterie. So spielt Breuer auch eine entscheidende Rolle in der Geschichte der Psychoanalyse. Breuer war eine außerordentliche Persönlichkeit. In seinen jungen Jahren war er Assistent Herings, dem er die blendende Technik in Tierversuchen verdankte. Er hat zu der Zeit, als er bei Hering arbeitete, die Selbststeuerung der Atmung durch den Nervus vagus entdeckt. In Wien war er Hausarzt bei Brücke, Billroth, Kaposi und Exner. In seinem curriculum vitae, das er für die Akademie der Wissenschaften in Wien, deren Mitglied er wurde, schreiben mußte, steht der Satz: „Wenn etwas den Neid der Götter abwehren kann, so ist es meine tiefe Überzeugung, daß ich weit über Verdienst glücklich war."

[2] WODAK, Geschichte der Vestibularforschung. Berlin: Springer.

DIE GESCHICHTE UND DIE WURZEL DES SATZES VON DER ERHALTUNG DER ARBEIT

Eine unfreiwillige Muße während einer Erkrankung im Sommer 1870 gab Mach Gelegenheit, sich wieder den historisch-kritischen Studien der Physik zu widmen.

Schon einige Jahre früher hatte Mach seine neue Definition der Masse in einer kurzen Arbeit formuliert und an Poggendorf geschickt, der die Aufnahme in seinen Annalen verweigerte.

Nun legte Mach den Grundriß seiner Gedanken zur historischen Kritik der Physik und zur Erkenntnislehre in einem Vortrag nieder, der von der K. böhmischen Gesellschaft der Wissenschaften am 15. November 1871 gehalten wurde. 1872 erschien die Arbeit unter dem Titel „Die Geschichte und die Wurzel des Satzes von der Erhaltung der Arbeit", bei der Calve'schen Buchhandlung in Prag.

„Jede metaphysische, aber auch jede einseitig mechanische Auffassung der Physik wurde abgelehnt", schreibt Mach im Vorwort zu der 1909 erschienenen zweiten, unveränderten Auflage.

„Die Abhängigkeit der Erscheinungen voneinander zu erforschen wurde als Ziel der Naturwissenschaften bezeichnet."

Aus diesem phänomenalistischen Standpunkt ergeben sich als notwendige Denkfolge die Auffassungen Machs auf jedem Gebiete. In den entsprechenden Kapiteln der „Mechanik" (Kapitel 2, Abschnitte 6, 7) ist zu sehen, wie die fruchtbare Kritik der Newton'schen Mechanik sich daraus ergibt. Die Definition der Masse als Maß der Materie wird als eine metaphysische enthüllt und auf den auf Beobachtung beruhenden Begriff der Beschleunigung zurückgeführt, und davon wieder der Trägheitsbegriff abgeleitet. Die absolute Bewegung, der absolute Raum und die absolute Zeit der klassischen Mechanik werden als metaphysische Entitäten erkannt.

Die philosophische Konsequenz ist die Ablehnung des Substanzbegriffes.

„Uns Naturforschern ist der Begriff ‚Seele' mitunter sehr anstößig und wir lächeln darüber. Der Stoff ist aber eine Abstraktion ganz derselben Sorte, so gut und so schlecht wie die erstere. Wir wissen von der Seele so viel, als wir vom Stoffe wissen."

Als eine weitere notwendige Konsequenz ergibt sich die Ablehnung der Atomistik. Für den phänomenalistischen Standpunkt Machs kann das Atom ebenso wenig substantielle Realität besitzen, wie der vor uns stehende und wahrgenommene Tisch. Die Ansicht Machs, daß diese seine Auffassung Vorurteile, die einer weiteren, naturwissenschaftlichen Aufklärung im Wege stehen, wegräume, hat sich nicht bewahrheitet. Heute, zwei Menschenalter später, erscheint uns Machs Kritik der Atomistik in der Physik unverständlich. So vor allem seine Ablehnung der mechanischen Wärmetheorie, die zu Machs Zeiten durch Boltzmann ihre klassische Entwicklung erreicht hatte, erregt unser Erstaunen.

Es bedarf zum Verständnis von Mach in dieser Frage des historischen Sinnes, wie ihn Professor L. Rosenfeld zeigt: „When Mach criticized the atomic theory he of course bet upon the wrong horse and he has to bear the blame for it. But apart from that his paper on the Erhaltung der Arbeit was just a very sound warning against the danger of introducing arbitrary elements into atomic theory. His whole point was that one has no right to introduce and to apply to atoms the mechanical concepts which have been derived from experiences about macroscopic bodies, unless one has cogend experimental reasons for doing so. I therefore think that it is unfair to criticize Mach just because he happened to draw the wrong conclusion, as his criticisms were compeltely sound."[1]

So sind Sätze Machs zu verstehen: „Allein, nehmen wir einen Augenblick an, alle physikalischen Vorgänge ließen sich auf räumliche Bewegung von materiellen Teilchen zurückführen. Was tun wir damit? Wir nehmen damit an, daß Dinge, die nie gesehen, nie getastet werden können, die überhaupt nur in unserer Phantasie und unserem Verstande existieren, nur mit den Eigenschaften und Beziehungen des Tastbaren behaftet sein können. Wir legen dem Gedachten die Beschränkung des Gesehenen auf." Sprach jemand von Atomen, warf Mach gern ein: „Hams ans g'sehn?" („Haben Sie eines gesehen?")

Als Mach im Wiener Radiuminstitut, wo ihm das neue Spinthariskop vorgeführt wurde, sah, wie durch Alphateilchen Blitze auf einen

---

[1] Diskussionsbemerkung Professor L. Rosenfelds auf dem Symposion der Colston Research Society in Bristol, 1957. (Zitat nach „Observation and Interpretation in the Philosophy of Physics".)

Schirm hervorgerufen wurden, sagte er: „Nun glaube ich an die Existenz der Atome."[1]

Mach wird an die Realität der Heliumatome nach dieser Demonstration geglaubt haben, wie an die Realität des Tisches vor uns. Von seiner Grundauffassung über den Aufbau der uns gegebenen Welt aus Empfindungselementen, und nicht aus Elementarteilchen, wird er sicher nicht abgekommen sein.

Der Satz von der Erhaltung der Arbeit, meint Mach, ist keineswegs so neu, und er zeigt an den Gedankengängen Stevins und Galileis, daß er diesen vorgeschwebt hat. Der Satz ist nicht an die mechanische Weltanschauung gebunden, sondern tief in unserem instinktiven Denken verankert. Die Wurzel liege in der instinktiven Anwendung des Kausalgesetzes.

In der Auffassung der Kausalität kommt Mach zu dem gleichen Standpunkt, wie der ihm geistesverwandte Hume, den er aus unmittelbarer Lektüre erst in den achtziger Jahren kennen lernte, also fast zehn Jahre später.

So schreibt Mach: „Wenn wir die Naturerscheinungen aufmerksam beobachten, so bemerken wir, daß mit der Veränderung einiger derselben auch Veränderungen anderer eintreten, wir gewöhnen uns auf diese Weise, die Naturerscheinungen abhängig voneinander zu betrachten. Die Abhängigkeitserscheinungen nennt man das Kausalgesetz ..."

Weiter schreibt Mach: „Das Kausalgesetz ist also hinreichend charakterisiert, wenn man sagt, es setze eine Abhängigkeitserscheinung voneinander voraus. Gewisse müßige Fragen, z. B. ob die Ursache der Wirkung vorangehe, oder gleichzeitig sei, verschwinden damit von selbst." Mach drückt das Kausalgesetz durch den mathematischen Funktionsbegriff aus, wie es in der Physik tatsächlich geschieht.

„Das Kausalgesetz ist identisch mit der Supposition, daß zwischen den Naturerscheinungen $\alpha \beta \gamma \delta \ldots \omega$ gewisse Gleichungen bestehen. In welcher Zahl und in welcher Form diese Gleichungen vorhanden sind, darüber sagt das Kausalgesetz nichts. Dies zu ermitteln ist die Aufgabe der positiven Naturforschung. Aber folgendes ist klar:

---

[1] St. Meyer, Die Vorgeschichte der Gründung und das erste Jahrzehnt des Institutes für Radiumforschung, 1950 (Sitzungsberichte der Österreichischen Akademie der Wissenschaften, Mathematisch-naturwissenschaftliche Klasse, Abt. IIa, Bd. 159, S. 5). Zitiert nach Victor Kraft, Erkenntnislehre.

Wäre die Zahl der Gleichungen größer oder gleich der Zahl der α β γ δ ... ω, so wären dadurch eben alle α β γ δ ... ω überbestimmt oder wenigstens vollkommen bestimmt. Die Tatsache der Veränderung der Natur beweist also, daß die Zahl der Gleichungen geringer ist als die Zahl der α β γ δ ...ω.

Hiermit bleibt aber eine gewisse Unbestimmtheit in der Natur zurück, auf die ich hier sofort aufmerksam machen will, weil, wie ich glaube, auch die Naturforscher sie zuweilen übersehen haben, und dadurch zur Aufstellung sehr sonderbarer Sätze geführt worden sind. Ein solcher Satz ist z. B. der von W. Thompson und Clausius verfochtene, wonach nach unendlich langer Zeit das Weltall vermöge der Grundsätze der mechanischen Wärmetheorie den Wärmetod sterben müsse, d. h. wonach allmählich alle mechanische Bewegung verschwindet und schließlich in Wärme übergeht. Ein solcher Satz, über das ganze Weltall ausgesprochen, scheint mir nun durchaus illusorisch. Sobald eine gewisse Anzahl Erscheinungen gegeben ist, sind allerdings die übrigen mitbestimmt; wo aber das ganze Weltall, die Gesamtheit der Erscheinungen, hinaus will, wenn man so sagen darf, ist durch das Kausalitätsgesetz nicht gesagt, kann auch in keinerlei Forschung ermittelt werden, ist keine wissenschaftliche Frage.

Die Welt ist wie eine Maschine, bei der die Bewegung gewisser Teile durch die Bewegung anderer bestimmt ist, allein, über die Bewegung der ganzen Maschine ist nichts bestimmt.

Wenn wir von einem Ding in der Welt sagen, es wird nach Verlauf einer gewissen Zeit die Veränderung A erleiden, so setzen wir es als abhängig von einem anderen Teil der Welt voraus, den wir als Uhr betrachten. Wenn wir aber für das Weltall einen solchen Satz aussprechen, so haben wir uns insofern getäuscht, als wir nichts mehr übrig haben, worauf wir das Weltall wie auf eine Uhr beziehen könnten. Für das Weltall gibt es keine Zeit. Naturwissenschaftliche Sätze von der erwähnten Art scheinen mir schlimmer als die schlimmsten philosophischen.

Man meint gewöhnlich, wenn der Gesamtzustand der Welt in einem Moment gegeben ist, so sei er im nächsten vollkommen bestimmt. Dabei unterläuft aber eine Täuschung. Dieser nächste Moment ist gegeben durch das Fortrücken der Erde. Die Lage der Erde gehört mit zu den Umständen.

Wir begehen aber leicht den Fehler, daß wir die Umstände zweimal zählen. — Wenn die Erde weitergerückt ist, so ist dieses und jenes eingetreten. Allein, die Frage, *wann* sie weitergerückt sein wird, hat keinen Sinn. Die Antwort läßt sich ja nur so geben: Dann ist sie weitergerückt, wenn sie weitergerückt ist.

Es dürfte für den Naturforscher nicht unwichtig sein, die Unbestimmtheit, welche das Kausalgesetz übrig läßt, zu berücksichtigen und zu erkennen. Freilich hat dies für ihn nur den Wert, ihn vor Übertretungen ihrer Grenzen zu bewahren. Ein müßiger Philosoph hingegen könnte hier seine Idee über Willensfreiheit vielleicht mit mehr Glück anknüpfen, als dies bisher durchweg bei anderen Wissenslücken geschehen ist. Für den Naturforscher bleibt nichts zu ermitteln übrig, als die *Abhängigkeit der Erscheinungen voneinander.*"

Er schließt den Vortrag mit den Worten: „Ich glaube, hiermit gezeigt zu haben, daß der Satz vom ausgeschlossenen perpetuum mobile bloß eine besondere Form des Kausalgesetzes ist, welche sich unmittelbar aus der jeder wissenschaftlichen Untersuchung vorausgehenden Annahme der Abhängigkeit der Erscheinungen voneinander ergibt, welche gar nicht mit der mechanischen Auffassung der Natur zusammenhängt, sondern sich überhaupt mit jeder Anschauung, sobald sie nur die strenge Gesetzmäßigkeit festhält, vertragen würde ...

... Das Ziel der Naturwissenschaft ist der Zusammenhang der Erscheinungen. Die Theorien aber sind die Blätter welche abfallen, wenn sie den Organismus der Wissenschaft eine Zeit lang in Atem gehalten haben."

LUDWIG BOLTZMANN AN MACH[1]

1893 schreibt Boltzmann an Mach: „... Ich glaube, daß die Unmöglichkeit des perpetuum mobile ein *reiner Erfahrungssatz* ist, der in noch nicht geprüften Fällen jeden Augenblick durch die Erfahrung widerlegt werden kann. Daß ich dies bezüglich des s. g. 1. Hauptsatzes für enorm unwahrscheinlich, bezüglich des 2. Hauptsatzes für nicht einmal zu unwahrscheinlich halte, ist eine rein subjektive, unbeweisbare Meinung."

Man könne die Unmöglichkeit des perpetuum mobile, schreibt Boltzmann, aus dem Kausalsatz allein nicht beweisen.

Es gibt noch einige Briefe zu dem gleichen Thema, aus dem gleichen Jahre, über das Kausalitätsgesetz und über das Gesetz der Erhaltung der Energie.

---
[1] Aus der nachgelassenen Korrespondenz Ernst Machs im Ernst-Mach-Institut, Freiburg i. Br.

Boltzmann zweifelte damals die Erhaltungsgesetze fast an. Mach glaubt, sie aus der Kausalität ableiten zu können, Boltzmann hält zu der Meinung, es seien Erfahrungssätze.

So schreibt Boltzmann: „... Hand aufs Herz, warum erwartet Stevin, daß seine Kette nicht um die schiefe Ebene herumläuft? Weil dies einer großen, unbewußt verknüpften Reihe von Erfahrungen widersprochen hätte. Hätte er den Versuch gemacht und wäre sie umgelaufen, so hätte er gewiß nicht (wenigstens meiner Meinung nach nicht mit Recht) gesagt: „Das widerspricht der Logik", sondern: „Das ist mir etwas Neues, das hätte ich nicht erwartet." Wie hätte er durch die Logik die Kette zum Stillstand bringen können?"

In den nächsten Briefen hat offensichtlich Mach seine, der Hume'schen naheliegende Auffassung der Kausalität dargelegt.

Der letzte Brief Boltzmanns, auch aus dem Jahre 1893, lautet:

Hochgeehrter Herr Kollege!

Auch ich freue mich, daß wir jetzt vollkommen einer Meinung sind und muß Sie fast um Entschuldigung bitten, daß ich Ihnen so viel Mühe gemacht habe. Aber bei der Lektüre Ihrer Schrift „Die Geschichte des Satzes von der Erhaltung der Arbeit" glaubte ich wirklich anfangs, daß Sie diesem Satz eine andere Evidenz als die eines bloßen Erfahrungssatzes zuschreiben.

Für Spekulationen, mit denen ich eben beschäftigt bin, war es mir wichtig, ob sich dies aufrecht erhalten läßt, und darüber konnte ich mich wohl an keine bessere Adresse wenden als an Sie. Nun sehe ich, daß Sie die Sache genau so auffassen wie ich, und ich bin daher vollkommen befriedigt.

MAX PLANCK AN MACH[1]

Berlin W, Eisenachstr. 5
25. Juni 1893

Sehr geehrter Herr Kollege!

Indem ich mir erlaube, Ihnen einen kleinen Aufsatz über den zweiten Hauptsatz der Wärmetheorie zu übersenden, dessen Inhalt, soviel ich weiß, in wesentlichen Punkten von Ihrer Auffassung ab-

---

[1] Aus der nachgelassenen Korrespondenz Ernst Machs im Ernst-Mach-Institut, Freiburg i. Br.

weicht, hoffe ich dadurch etwas zur Klärung der Ansichten beizutragen.

Zugleich bitte ich Sie, mir eine kleine Verteidigung der beiden von Ihnen angefochtenen „Clausius'schen Sätze über die Energie und Entropie der Welt" zu gestatten. Ich lege zwar kein großes Gewicht auf diese Art der Formulierung, möchte aber doch gerne zeigen, daß sie einen bestimmten physikalischen Sinn haben, trotzdem man natürlich nicht von der Energie der Welt als einer bestimmten Größe reden kann.

Wenn ich sage: Die Energie eines bestimmten endlichen Systems ist konstant, ohne etwas von der Wirkung zu wissen, die von außen auf das System ausgeübt wird (Überführung von Wärme durch Strahlung oder Leitung, äußere Arbeit usw.), so begehe ich einen gewissen Fehler. Je größer ich aber das System annehme, um so kleiner wird der Fehler im Verhältnis zur Energie des Systems. Denn letzteres ist von der Größenordnung des Volumens, ersteres aber nur von der Größenordnung der Oberfläche, denn die äußeren Wirkungen, die den Fehler bedingen, lassen sich immer als vermittelt durch die Oberfläche ansehen.

Man kann also den sogenannten verhältnismäßigen Fehler unter jede beliebig klein gewählte Grenze herabdrücken, wenn man nur das System groß genug nimmt und in diesem System sagen: Die Energie eines unendlich großen Systems ist konstant, ohne Rücksicht auf die äußeren Wirkungen. Dieser Satz hat also nach meiner Auffassung (als Grenzbetrachtung) eben so gut einen Sinn wie der entsprechend umgekehrte für unendlich kleine Systeme, bei denen aus dem nämlichen Grunde die Energie des Systems gegen die äußeren Wirkungen (z. B. die durch ein Flächenelement in ein Volumelement eintretende Wärme) verschwindet.

Bezüglich der Entropie läßt sich genau die nämliche Betrachtung anstellen, und ich glaube wohl annehmen zu dürfen, daß man die Sätze von der Energie und Entropie der Welt als bestimmte physikalische Behauptungen ansehen muß. Ob sie richtig sind, muß ja allerdings besonders untersucht werden.

In größter Hochachtung

Planck

DIE MECHANIK

1883 erscheint das klassische Werk „Die Mechanik in ihrer Entwicklung historisch-kritisch dargestellt".

Im Vorwort erklärt Mach: „Die Tendenz des Buches ist eine aufklärende, um es noch deutlicher zu sagen, eine antimetaphysische ...

... Die Aufklärungen, die ich hier bieten kann, sind im Keime teilweise schon enthalten in meiner Schrift: ‚Die Geschichte und die Wurzel des Satzes von der Erhaltung der Arbeit'."

Er erwähnt, daß in der Zwischenzeit Kirchhoff und Helmholtz ähnliche Ansichten geäußert haben, und verweist vor allem auf R. Avenarius (Philosophie als Denken der Welt gemäß dem Prinzip des kleinsten Kraftmaßes, 1876), dessen Gedanken er den seinen mit Recht besonders verwandt empfindet.

„Die Achtung vor dem echt philosophischen Streben, alles Wissen in einen Strom zusammenzuleiten, wird man in meiner Schrift überhaupt nicht vermissen, wenngleich dieselbe gegen Übergriffe der *spekulativen* Methode entschieden Opposition macht."

Das Buch wurde, wie später auch die anderen Schriften Machs, im Laufe der Zeit in alle Kultursprachen übersetzt und immer wieder neu aufgelegt. Gegenwärtig ist es seit mehr als dreißig Jahren, wie die anderen Schriften Machs, nicht mehr neu erschienen. 1960 gab Carl Menger das Buch nochmals in den Vereinigten Staaten in englischer Sprache heraus.

Die im zweiten Kapitel des Buches, „Die Entwicklung der Prinzipien der Dynamik", Abschnitte 6 und 7, gegebene Kritik der Newton'schen Mechanik wurde der Ausgangspunkt der Gedanken Einsteins, die zur Relativitätstheorie führten.

Newtons Ansichten über Zeit, Raum und Bewegung

Von

Ernst Mach

(Kapitel 2, Abschnitt 6, aus „Die Mechanik in ihrer Entwicklung historisch-kritisch dargestellt", 5. Auflage[1])

1. In einer Anmerkung, welche Newton seinen Definitionen unmittelbar folgen läßt, spricht er Ansichten über Zeit und Raum aus, die wir etwas näher in Augenschein nehmen müssen. Wir werden nur die wichtigsten zur Charakteristik der Newton'schen Ansichten notwendigen Stellen wörtlich anführen.

„Bis jetzt habe ich zu erklären versucht, in welchem Sinne weniger bekannte Benennungen in der Folge zu verstehen sind. Zeit, Raum, Ort und Bewegung als allen bekannt erkläre ich nicht. Ich bemerke nur, daß man gewöhnlich diese Größen nicht anders als in bezug auf die Sinne auffaßt, und so gewisse Vorurteile entstehen, zu deren Aufhebung man sie passend in absolute und relative, wahre und scheinbare, mathematische und gewöhnliche unterscheidet.

„I. Die absolute, wahre und mathematische Zeit verfließt an sich und vermöge ihrer Natur gleichförmig und ohne Beziehung auf irgend einen äußeren Gegenstand. Sie wird auch mit dem Namen Dauer belegt."

„Die relative, scheinbare und gewöhnliche Zeit ist ein fühlbares und äußerliches, entweder genaues oder ungleiches Maß der Dauer, dessen man sich gewöhnlich statt der wahren Zeit bedient, wie Stunde, Tag, Monat, Jahr."

... „Die natürlichen Tage, welche gewöhnlich als Zeitmaß für gleich gehalten werden, sind nämlich eigentlich ungleich. Diese Ungleichheit verbessern die Astronomen, indem sie die Bewegung der Himmelskörper nach der richtigen Zeit messen. Es ist möglich, daß keine gleichförmige Bewegung existiert, durch welche die Zeit genau gemessen werden kann, alle Bewegungen können beschleunigt oder verzögert werden; allein der Verlauf der absoluten Zeit kann nicht geändert werden. Dieselbe Dauer und dasselbe Verharren findet für die Existenz aller Dinge statt; mögen die Bewegungen geschwind, langsam oder null sein."

---

[1] Die Wiedergabe der folgenden Texte von Ernst Mach (S. 31—61) erfolgt mit Genehmigung des Verlages F. A. Brockhaus, Wiesbaden.

2. Es scheint, als ob Newton bei den eben angeführten Bemerkungen noch unter dem Einfluß der mittelalterlichen Philosophie stünde, als ob er seiner Absicht, nur das Tatsächliche zu untersuchen, untreu würde. Wenn ein Ding A sich mit der Zeit ändert, so heißt dies nur, die Umstände eines Dinges A hängen von den Umständen eines anderen Dinges B ab. Die Schwingungen eines Pendels gehen in der Zeit vor, wenn dessen Exkursion von der Lage der Erde abhängt. Da wir bei Beobachtung des Pendels nicht auf die Abhängigkeit von der Lage der Erde zu achten brauchen, sondern dasselbe mit irgendeinem andern Ding vergleichen können (dessen Zustände freilich wieder von der Lage der Erde abhängen), so entsteht leicht die Täuschung, daß alle diese Dinge unwesentlich seien. Ja, wir können, auf das Pendel achtend, von allen übrigen äußern Dingen absehen und finden, daß für jede Lage unsere Gedanken und Empfindungen andere sind. Es scheint demnach die Zeit etwas Besonderes zu sein, von dessen Verlauf die Pendellage abhängt, während die Dinge, welche wir zum Vergleich nach freier Wahl herbeiziehen, eine zufällige Rolle zu spielen scheinen. Wir dürfen aber nicht vergessen, daß alle Dinge miteinander zusammenhängen und daß wir selbst mit unseren Gedanken nur ein Stück Natur sind. Wir sind ganz außer Stand, die Veränderungen der Dinge an der Zeit zu messen. Die Zeit ist vielmehr eine Abstraktion, zu der wir durch die Veränderung der Dinge gelangen, weil wir auf kein bestimmtes Maß angewiesen sind, da eben alle untereinander zusammenhängen. Wir nennen eine Bewegung gleichförmig, in welcher gleiche Wegzuwüchse gleichen Wegzuwüchsen einer Vergleichsbewegung (der Drehung der Erde) entsprechen. Eine Bewegung kann gleichförmig sein in bezug auf eine andere. Die Frage, ob eine Bewegung an sich gleichförmig sei, hat gar keinen Sinn. Ebensowenig können wir von einer „absoluten Zeit" (unabhängig von jeder Veränderung) sprechen. Diese absolute Zeit kann an gar keiner Bewegung abgemessen werden, sie hat also auch gar keinen praktischen und auch keinen wissenschaftlichen Wert, niemand ist berechtigt zu sagen, daß er von derselben etwas wisse, sie ist ein müßiger „metaphysischer" Begriff.

Daß wir Zeitvorstellungen durch die Abhängigkeit der Dinge voneinander gewinnen, wäre psychologisch, historisch und sprachwissenschaftlich (durch die Namen der Zeitabschnitte) nicht eben schwer nachzuweisen. In unseren Zeitvorstellungen drückt sich der tiefgehendste und allgemeinste Zusammenhang der Dinge aus. Wenn eine Bewegung in der Zeit stattfindet, so hängt sie von der Bewegung der Erde ab. Dies wird nicht dadurch widerlegt, daß wir mechanische Bewegungen wieder rückgängig machen können. Mehrere veränderliche Größen können so zusammenhängen, daß eine Gruppe derselben Veränderungen erfährt, ohne daß die übrigen davon berührt werden. Die Natur verhält sich ähnlich wie eine Maschine. Die einzelnen Teile bestimmen einander gegenseitig. Während aber bei einer Maschine durch die Lage eines Teiles die Lagen aller übrigen Teile bestimmt sind, bestehen in der Natur kompliziertere Beziehungen. Diese Beziehungen lassen sich am besten unter dem Bilde einer Anzahl n von Größen darstellen, welche einer geringeren Anzahl n' von Gleichungen genügen. Wäre $n = n'$, so wäre die Natur unveränderlich. Für $n' = n - 1$ ist mit einer Größe über alle übrigen verfügt. Bestünde dies Verhältnis in der Natur, so könnte die Zeit rückgängig gemacht werden, sobald dies nur mit einer einzigen Bewegung gelänge. Der wahre Sachverhalt wird durch eine andere Differenz von n und n' dargestellt. Die Größen sind durcheinander teilweise bestimmt, sie behalten aber eine größere Unbestimmtheit oder Freiheit als in dem letzteren Fall. Wir selbst fühlen uns als ein solches teilweise bestimmtes, teilweise unbestimmtes Naturelement. Insofern nur ein Teil der Veränderungen in der Natur von uns abhängt, und von uns wieder rückgängig gemacht werden kann, erscheint uns die Zeit als nicht umkehrbar, die verflossene Zeit als unwiederbringlich vorbei.

Zur Vorstellung der Zeit gelangen wir durch den Zusammenhang des Inhalts unseres Erinnerungsfeldes mit dem Inhalt unseres Wahrnehmungsfeldes, wie wir kurz und allgemein verständlich sagen wollen. Wenn wir sagen, daß die Zeit in einem bestimmten Sinn abläuft, so bedeutet dies, daß die physikalischen (und folglich auch die physiologischen) Vorgänge sich nur in einem bestimmten Sinn vollziehen[1]. Alle Temperaturdifferenzen, elektrischen Differenzen, Niveaudifferenzen überhaupt werden, sich selbst überlassen, nicht größer, sondern kleiner. Betrachten wir zwei sich selbst überlassene, sich berührende Körper von ungleicher Temperatur, so können nur größere Temperaturdifferenzen im Erinnerungsfelde mit kleineren im Wahrnehmungsfelde zusammentreffen, nicht umgekehrt. In allem diesem spricht sich durchaus nur ein eigentümlicher, tiefgehender Zusammenhang der Dinge aus. Hier aber jetzt schon vollständig Aufklärung fordern, heißt nach Art der spekulativen Philosophie, die

---

[1] Über die physiologische Natur der Zeit- und Raumempfindung vgl. „Analyse der Empfindungen".

Resultate aller künftigen Spezialforschung, also eine vollendete Naturwissenschaft, antizipieren wollen.

Ausführungen über die physiologische Zeit, die Zeitempfindung, und zum Teil auch über die physikalische Zeit habe ich anderwärts versucht („Beiträge zur Analyse der Empfindungen", Jena 1886, S. 103—111, 166—168). So wie wir in eine der Wärmeempfindung nahe parallel gehende, willkürlich gewählte (thermometrische) Volumanzeige, welche nicht den unkontrollierbaren Störungen des Empfindungsorgans unterliegt, beim Studium der Wärmevorgänge als Temperaturmaß vorziehen, so bevorzugen wir aus analogen Gründen eine der Zeitempfindung nahe parallel gehende, willkürlich gewählte Bewegung (Drehungswinkel der Erde, Weg eines sich selbst überlassenen Körpers) als Zeitmaß. Macht man sich klar, daß es sich nur um eine Ermittlung der Abhängigkeit der Erscheinungen voneinander handelt, wie ich dies schon 1865 („Über den Zeitsinn des Ohres", Sitzungsberichte der Wiener Akademie), und 1866 (Fichte's Zeitschrift für Philosophie) hervorgehoben habe, so entfallen metaphysische Unklarheiten (vgl. Epstein, „Die logischen Prinzipien der Zeitmessung", Berlin 1887).

Anderwärts (Prinzipien der Wärmelehre, S. 51) habe ich zu zeigen versucht, worauf die natürliche Neigung des Menschen beruht, seine für ihn wertvollen Begriffe, besonders diejenigen, zu welchen er instinktiv, ohne Kenntnis von deren Entwicklungsgeschichte, gelangt ist, zu hypostasieren. Die für den Temperaturbegriff daselbst gegebenen Ausführungen lassen sich unschwer auf den Zeitbegriff übertragen und machen die Entstehung von Newton's „absoluter Zeit" verständlich. Auch auf den Zusammenhang des Entropiebegriffs mit der Nichtumkehrbarkeit der Zeit wird daselbst hingewiesen und die Ansicht ausgesprochen, daß die Entropie des Weltalls, wenn sie überhaupt bestimmt werden könnte, wirklich eine Art absolutes Zeitmaß darstellen würde. Endlich muß ich hier noch auf die Erörterungen von Petzold („Das Gesetz der Eindeutigkeit", Vierteljahresschrift für wissenschaftliche Philosophie 1894, S. 146) hinweisen, die ich anderwärts beantworten werde.

3. Ähnliche Ansichten wie über die Zeit entwickelt Newton über den Raum und die Bewegung. Wir lassen wieder einige charakteristische Stellen folgen:

„II. Der absolute Raum bleibt, vermöge seiner Natur und ohne Beziehung auf einen äußeren Gegenstand, stets gleich und unbeweglich."

„Der relative Raum ist ein Maß oder ein beweglicher Teil des ersteren, welcher von unseren Sinnen, durch seine Lage gegen andere Körper bezeichnet und gewöhnlich für den unbeweglichen Raum genommen wird..."

„IV. Die absolute Bewegung ist die Übertragung des Körpers von einem absoluten Orte nach einem anderen absoluten Orte, die relative Bewegung, die Übertragung von einem relativen Orte nach einem andern relativen Orte..."

...„So bedienen wir uns, und nicht unpassend, in menschlichen Dingen statt der absoluten Orte und Bewegungen der relativen, in der Naturlehre hingegen muß man von den Sinnen abstrahieren. Es kann nämlich der Fall sein, daß kein wirklich ruhender Körper existiert, auf welchen man die Orte und Bewegungen beziehen könnte..."

„Die wirkenden Ursachen, durch welche absolute und relative Bewegungen voneinander verschieden sind, sind die Fliehkräfte von der Achse der Bewegung. Bei einer nur relativen Kreisbewegung existieren diese Kräfte nicht, aber sie sind kleiner und größer, je nach Verhältnis der Größe der (absoluten) Bewegung."

„Man hänge z. B. ein Gefäß an einem sehr langen Faden auf, drehe denselben beständig im Kreise herum, bis der Faden durch die Drehung sehr steif wird; hierauf fülle man es mit Wasser und halte es zugleich mit letzterem in Ruhe. Wird es nun durch eine plötzlich wirkende Kraft in entgegengesetzte Kreisbewegung gesetzt und hält diese, während der Faden sich ablöst, längere Zeit an, so wird die Oberfläche des Wassers anfangs eben sein, wie vor der Bewegung des Gefäßes, hierauf, wenn die Kraft allmählich auf das Wasser einwirkt, bewirkt das Gefäß, daß dieses (das Wasser) merklich sich umzudrehen anfängt. Es entfernt sich nach und nach von der Mitte und steigt an den Wänden des Gefäßes in die Höhe, indem es eine hohle Form annimmt. (Diesen Versuch habe ich selbst gemacht.)"

...„Im Anfang, als die relative Bewegung des Wassers im Gefäß am größten war, verursachte dieselbe kein Bestreben, sich von der Achse zu entfernen. Das Wasser suchte nicht sich dem Umfang zu nähern, indem es an den Wänden emporstieg, sondern blieb eben, und die wahre kreisförmige Bewegung hatte daher noch nicht begonnen. Nachher aber, als die relative Bewegung des Wassers abnahm, deutete sein Aufsteigen an den Wänden des Gefäßes das Bestreben an, von der Achse zurückzuweichen, und dieses Bestreben zeigte die stets wachsende wahre Kreisbewegung des Wassers an, bis diese endlich am größten wurde, wenn das Wasser selbst relativ im Gefäß ruhte. ..."

„Die wahren Bewegungen der einzelnen Körper zu erkennen und von den scheinbaren zu unterscheiden, ist übrigens sehr schwer, weil die Teile jenes unbeweglichen Raumes, in denen die Körper sich wahrhaft bewegen, nicht sinnlich erkannt werden können."

„Die Sache ist jedoch nicht gänzlich hoffnungslos. Es ergeben sich nämlich die erforderlichen Hilfsmittel, teils aus den scheinbaren Bewegungen, welche die Unterschiede der wahren sind, teils aus den Kräften, welche den wahren Bewegungen als wirkende Ursachen zu Grunde liegen. Werden, z. B., zwei Kugeln in gegebener gegenseitiger Entfernung mittels eines Fadens verbunden und so um den gewöhnlichen Schwerpunkt gedreht, so erkennt man aus der Spannung des Fadens das Streben der Kugeln, sich von der Achse der Bewegung zu entfernen und kann daraus die Größe der kreisförmigen Bewegung berechnen. Brächte man hierauf beliebige gleiche Kräfte an beiden Seiten zugleich an, um die Kreisbewegung zu vergrößern oder zu verkleinern, so würde man aus der vergrößerten oder verkleinerten Spannung des Fadens die Vergrößerung oder Verkleinerung der Bewegung erkennen und hieraus endlich diejenigen Seiten der Kugeln ermitteln können, auf welche die Kräfte einwirken müßten, damit die Bewegung am stärksten vergrößert würde, d. h. die hinterste Seite oder diejenige, welche bei der Kreisbewegung nachfolgt. Sobald man aber die nachfolgende und die ihr entgegengesetzte Seite erkannt hätte, würde man auch die Richtung der Bewegung erkannt haben. Auf diese Weise könnte man sowohl die Größe als auch die Richtung dieser kreisförmigen Bewegung in jedem unendlich großen leeren Raum finden, wenn auch nichts Äußerliches und Erkennbares sich dort befände, womit die Kugeln verglichen werden könnten. . . ."

4. Daß Newton auch in den eben mitgeteilten Überlegungen gegen seine Absicht, nur das Tatsächliche zu untersuchen, handelt, ist kaum nötig zu bemerken. Über den absoluten Raum und die absolute Bewegung kann niemand etwas aussagen, sie sind bloße Gedankendinge, die in der Erfahrung nicht aufgezeigt werden können. Alle unsere Grundsätze der Mechanik sind, wie ausdrücklich gezeigt worden ist, Erfahrungen über relative Lagen und Bewegungen der Körper. Sie konnten und durften auf den Gebieten, auf welchen man sie heute als gültig betrachtet, nicht ohne Prüfung angenommen werden. Niemand ist berechtigt, diese Grundsätze über die Grenzen der Erfahrung hinaus auszudehnen. Ja, diese Ausdehnung ist sogar sinnlos, da sie niemand anzuwenden wüßte.

Gehen wir nun auf die Einzelheiten ein. Wenn wir sagen, daß ein Körper K seine Richtung und Geschwindigkeit nur durch den Einfluß eines anderen Körpers K' ändert, so können wir zu dieser Einsicht gar nicht kommen, wenn nicht andere Körper $A, B, C \ldots$ vorhanden sind, gegen welche wir die Bewegung des Körpers K beurteilen. Wir erkennen also eigentlich eine Beziehung des Körpers K zu $A, B, C \ldots$ Wenn wir nun plötzlich von $A, B, C \ldots$ absehen, und von einem Verhalten des Körpers K im absoluten Raume sprechen wollten, so würden wir einen doppelten Fehler begehen. Einmal könnten wir nicht wissen, wie sich K bei Abwesenheit von A, B, C benehmen würde, dann aber würde uns jedes Mittel fehlen, das Benehmen des Körpers K zu beurteilen und unsere Aussage zu prüfen, welche demnach keinen naturwissenschaftlichen Sinn hätte.

Zwei Körper K und K', welche gegeneinander gravitieren, erteilen sich ihren Massen m, m' verkehrt proportionale Beschleunigungen nach der Richtung der Verbindungslinie. In diesem Satze liegt nicht allein eine Beziehung der Körper K und K' zueinander, sondern auch zu den übrigen Körpern. Denn derselbe sagt nicht nur, daß K und K' gegeneinander die Beschleunigung $k \dfrac{m + m'}{r^2}$ erfahren, sondern auch, daß K die Beschleunigung $\dfrac{-km'}{r^2}$ und K' die Beschleunigung $\dfrac{+km}{r^2}$ nach der Richtung der Verbindungslinie erfährt, was nur durch die Anwesenheit noch anderer Körper ermittelt werden konnte.

Die Bewegung eines Körpers K kann immer nur beurteilt werden in bezug auf andere Körper $A, B, C \ldots$ Da wir immer eine genügende Anzahl gegeneinander relativ festliegender, oder ihre Lage nur langsam ändernder Körper zur Verfügung haben, so sind wir hierbei auf keinen bestimmten Körper angewiesen und können abwechselnd bald von diesem, bald von jenem absehen. Hierdurch entstand die Meinung, daß diese Körper überhaupt gleichgültig seien.

Es wäre wohl möglich, daß die isolierten Körper $A, B, C \ldots$ bei Bestimmung der Bewegung des Körpers K nur eine zufällige Rolle spielen, daß die Bewegung durch das Medium bestimmt wäre, in welchem sich K befindet. Dann müßte man aber an die Stelle des Newton'schen absoluten Raumes jenes Medium setzen. Diese Vorstellung hat Newton entschieden nicht gehabt. Zudem läßt sich leicht nachweisen, daß die Luft jenes bewegungsbestimmende Medium nicht ist. Man müßte also an ein anderes, etwa den Weltraum erfüllendes, Medium denken, über dessen Beschaffenheit und über dessen Bewegungsverhältnis zu den darin befindlichen Körpern wir gegenwärtig eine ausreichende Kenntnis nicht haben. An sich würde ein solches Verhältnis nicht zu den Unmöglichkeiten gehören. Es ist durch die neueren hydrodynamischen Untersuchungen bekannt, daß ein starrer Körper in einer reibungslosen Flüssigkeit nur bei Geschwindigkeitsänderungen einen Widerstand erfährt. Zwar ist dieses Resultat aus der Vorstellung der Trägheit theoretisch abgeleitet, es könnte aber umgekehrt auch als die erste Tatsache angesehen werden, von der man auszugehen hätte. Wenn auch mit dieser Vorstellung praktisch zunächst nichts anzufangen wäre, so könnte man doch hoffen, über dieses hypothetische Medium in Zukunft mehr zu erfahren, und sie wäre naturwissenschaftlich noch immer wertvoller, als der verzweifelte Gedanke an den absoluten Raum. Bedenken wir, daß wir die isolierten Körper $A, B, C \ldots$ nicht wegschaffen, also über ihre wesentliche oder zufällige Rolle durch den Versuch nicht entscheiden können, daß dieselben bisher das einzige und auch ausreichende Mittel zur Orientierung über Bewegungen und zur Beschreibung der mechanischen Tatsachen sind, so empfiehlt es sich, die Bewegungen vorläufig als durch diese Körper bestimmt anzusehen.

5. Betrachten wir nun denjenigen Punkt, auf welchen sich Newton bei Unterscheidung der relativen und absoluten Bewegung mit starkem Recht zu stützen scheint. Wenn die Erde eine absolute Rotation um ihre Achse hat, so treten an derselben Zentrifugalkräfte auf, sie wird abgeplattet, die Schwerebeschleunigung am Äquator vermindert, die Ebene des Foucault'schen Pendels wird gedreht, usw. Alle diese Erscheinungen verschwinden, wenn die Erde ruht und die übrigen Himmelskörper sich absolut um dieselbe bewegen, so daß dieselbe relative Rotation zustande kommt. So ist es allerdings, wenn man von vornherein von der Vorstellung eines absoluten Raumes ausgeht. Bleibt man aber auf dem Boden der Tatsachen, so weiß man bloß von relativen Räumen und Bewegungen. Relativ sind die Bewegungen im Weltsystem, von dem unbekannten und unberücksichtigten Medium des Weltraums abgesehen, dieselben nach der Ptolemäischen und nach der Kopernikanischen Auffassung. Beide Auffassungen sind auch gleich richtig, nur ist die letztere einfacher und praktischer. Das Weltsystem ist uns nicht zweimal gegeben mit ruhender und mit rotierender Erde, sondern nur einmal mit seinen allein bestimmbaren Relativbewegungen. Wir können also nicht sagen, wie es wäre,

wenn die Erde nicht rotierte. Wir können den einen uns gegebenen Fall in verschiedener Weise interpretieren. Wenn wir aber so interpretieren, daß wir mit der Erfahrung in Widerspruch geraten, so interpretieren wir eben falsch. Die mechanischen Grundsätze können also wohl gefaßt werden, daß auch für Relativdrehungen Zentrifugalkräfte sich ergeben.

Der Versuch Newton's mit dem rotierenden Wassergefäß lehrt nur, daß die Relativdrehung des Wassers gegen die Gefäßwände keine merklichen Zentrifugalkräfte weckt, daß dieselben aber durch die Relativdrehung gegen die Masse der Erde und die übrigen Himmelskörper geweckt werden. Niemand kann sagen, wie der Versuch verlaufen würde, wenn die Gefäßwände immer dicker und massiger, zuletzt mehrere Meilen dick würden. Es liegt nur der eine Versuch vor und wir haben denselben mit den übrigen uns bekannten Tatsachen, nicht aber mit unseren willkürlichen Dichtungen in Einklang zu bringen.

6. Wir können über die Bedeutung des Trägheitsgesetzes nicht in Zweifel sein, wenn wir uns gegenwärtig halten, in welcher Weise es gefunden worden ist. Galilei hat zuerst die Unveränderlichkeit der Geschwindigkeit und Richtung eines Körpers in Bezug auf irdische Objekte bemerkt. Die meisten irdischen Bewegungen sind von so geringer Dauer und Ausdehnung, daß man gar nicht nötig hat, auf die Änderungen der Progressivgeschwindigkeit der Erde gegen die Himmelskörper und auf die Drehung derselben zu achten. Nur bei weitgeworfenen Projektilen, bei den Schwingungen des Foucault'schen Pendels usw. erweist sich diese Rücksicht als notwendig. Als nun Newton die seit Galilei gefundenen mechanischen Prinzipien auf das Planetensystem anzuwenden suchte, bemerkte er, daß, soweit dies überhaupt beurteilt werden kann, die Planeten gegen die sehr entfernten, scheinbar gegeneinander festliegenden Weltkörper, von Kraftwirkungen abgesehen, ebenso ihre Richtung und Geschwindigkeit beizubehalten scheinen, als die auf der Erde bewegten Körper gegen die festliegenden Objekte der Erde. Das Verhalten der irdischen Körper gegen die Erde läßt sich auf deren Verhalten gegen die fernen Himmelskörper zurückführen. Wollten wir behaupten, daß wir von den bewegten Körpern mehr kennen, als jenes durch die Erfahrung gegebene Verhalten gegen die Himmelskörper, so würden wir uns einer Unehrlichkeit schuldig machen. Wenn wir daher sagen, daß ein Körper seine Richtung und Geschwindigkeit im Raum beibehält, so liegt darin nur eine kurze An-

weisung auf Beachtung der ganzen Welt. Der Erfinder des Prinzips darf sich diesen gekürzten Ausdruck erlauben, weil er weiß, daß der Ausführung der Anweisung in der Regel keine Schwierigkeiten im Wege stehen. Er kann aber nicht helfen, wenn sich solche Schwierigkeiten einstellen, wenn z. B. die nötigen gegeneinander festliegenden Körper fehlen.

7. Statt nun einen bewegten Körper K auf den Raum (auf ein Koordinatensystem) zu beziehen, wollen wir direkt sein Verhältnis zu den Körpern des Weltraumes betrachten, durch welche jenes Koordinatensystem allein bestimmt werden kann. Voneinander sehr ferne Körper, welche in bezug auf andere ferne festliegende Körper sich mit konstanter Richtung und Geschwindigkeit bewegen, ändern ihre gegenseitige Entfernung der Zeit proportional. Man kann auch sagen, alle sehr fernen Körper ändern, von gegenseitigen oder andern Kräften abgesehen, ihre Entfernungen einander proportional. Zwei Körper, welche in kleiner Entfernung voneinander sich mit konstanter Richtung und Geschwindigkeit gegen andere, festliegende Körper bewegen, stehen in einer komplizierten Beziehung. Würde man die beiden Körper als voneinander abhängig betrachten, r ihre Entfernung, t die Zeit und a eine von den Richtungen und Geschwindigkeiten abhängige Konstante nennen, so würde sich ergeben:

$$\frac{d^2r}{dt^2} = \frac{1}{r}\left(a^2 - \left[\frac{dr}{dt}\right]^2\right).$$

Es ist offenbar viel einfacher und übersichtlicher, die beiden Körper als voneinander unabhängig anzusehen und die Unveränderlichkeit ihrer Richtung und Geschwindigkeit gegen andere festliegende Körper zu beachten.

Statt zu sagen, die Richtung und Geschwindigkeit einer Masse μ im Raum bleibt konstant, kann man auch den Ausdruck gebrauchen, die mittlere Beschleunigung der Masse μ gegen die Massen m, m', m'' ... in den Entfernungen

$$r, r', r'' \ldots \text{ ist} = 0 \text{ oder } \frac{d^2}{dt^2}\frac{\Sigma m r}{\Sigma m} = 0.$$

Letzterer Ausdruck ist dem ersteren äquivalent, sobald man nur hinreichend viele, hinreichend weite und große Massen in Betracht zieht. Es fällt hierbei der gegenseitige Einfluß der näheren kleinen Massen, welche sich scheinbar umeinander nicht kümmern, von selbst aus. Daß die unveränderliche Richtung und Geschwindigkeit durch die angeführte Bedingung gegeben ist, sieht man, wenn man durch μ als Scheitel Kegel legt, welche verschiedene Teile des Weltraumes herausschneiden und wenn man für die Massen dieser einzelnen Teile die Bedingung aufstellt. Man kann natürlich auch für den ganzen μ umschließenden Raum

$$\frac{d^2}{dt^2} \frac{\Sigma\, m\, r}{\Sigma\, m} = 0 \text{ setzen.}$$

Diese Gleichung sagt aber nichts über die Bewegung von μ aus, da sie für jede Art der Bewegung gilt, wenn μ von unendlich vielen Massen gleichmäßig umgeben ist. Wenn zwei Massen $μ_1$, $μ_2$ eine von ihrer Entfernung r abhängige Kraft aufeinander ausüben, so ist $\frac{d^2 r}{dt^2} = (μ_1 + μ_2) f(r)$. Zugleich bleibt aber die Beschleunigung des Schwerpunktes der beiden Massen, oder die mittlere Beschleunigung des Massensystems (nach dem Gegenwirkungsprinzip) gegen die Massen des Weltraumes

$$= 0, \text{ d. h. } \frac{d^2}{dt^2}\left(μ_1 \frac{\Sigma\, m\, r_1}{\Sigma\, m} + μ_2 \frac{\Sigma\, m\, r_2}{\Sigma\, m}\right) = 0.$$

Bedenkt man, daß die in die Beschleunigung eingehende Zeit selbst nichts ist, als die Maßzahl von Entfernungen (oder von Drehungswinkeln) der Weltkörper, so sieht man, daß selbst in dem einfachsten Fall, in welchem man sich scheinbar nur mit der Wechselwirkung von zwei Massen befaßt, ein Absehen von der übrigen Welt nicht möglich ist. Die Natur beginnt eben nicht mit Elementen, so wie wir genötigt sind, mit Elementen zu beginnen. Für uns ist es allerdings ein Glück, wenn wir zeitweilig unsern Blick von dem überwältigenden Ganzen ablenken und auf das Einzelne richten können. Wir dürfen aber nicht versäumen, alsbald das vorläufig Unbeachtete neuerdings ergänzend und korrigierend zu untersuchen.

8. Die eben angestellten Betrachtungen zeigen, daß wir nicht nötig haben, das Trägheitsgesetz auf einen besonderen, absoluten Raum zu beziehen. Vielmehr erkennen wir, daß sowohl jene Massen, welche nach der gewöhnlichen Ausdrucksweise Kräfte aufeinander ausüben, als auch jene, welche keine ausüben, zueinander in ganz gleichartigen Beschleunigungsbeziehungen stehen und zwar kann man alle Massen als untereinander in Beziehung stehend betrachten. Daß bei den Beziehungen der Massen die Beschleunigungen eine hervorragende Rolle spielen, muß als eine Erfahrungstatsache hingenommen werden, was aber nicht ausschließt, daß man dieselbe durch Vergleichung mit anderen Tatsachen, wobei sich neue Gesichtspunkte ergeben können, aufzuklären sucht. Bei allen Natur-

vorgängen spielen die Differenzen gewisser Größen u eine maßgebende Rolle. Differenzen der Temperatur, der Potentialfunktion usw. veranlassen die Vorgänge, welche in der Ausgleichung dieser Differenzen bestehen. Die bekannten Ausdrücke $\frac{d^2 u}{dx^2}, \frac{d^2 u}{dy^2}, \frac{d^2 u}{dz^2}$, welche bestimmend für die Art des Ausgleiches sind, können als Maß der Abweichung des Zustandes eines Punktes von dem Mittel der Zustände der Umgebung angesehen werden, welchem Mittel der Punkt zustrebt. In analoger Weise können auch die Massenbeschleunigungen aufgefaßt werden. Die großen Entfernungen von Massen, welche in keiner besonderen Kraftbeziehung zueinander stehen, ändern sich einander proportional. Wenn wir also eine gewisse Entfernung ρ als Abszisse, eine andere r als Ordinate auftragen, so erhalten wir eine Gerade. Jede einem gewissen ρ-Wert zukommende r-Ordinate stellt dann das Mittel der Nachbarordinate vor. Stehen die Körper in einer Kraftbeziehung, so ist hierdurch ein Wert $\frac{d^2 r}{dt^2}$ bestimmt, den wir den oben angeführten Bemerkungen zufolge durch einen Ausdruck von der Form $\frac{d^2 r}{d\rho^2}$ ersetzen können. Durch die Kraftbeziehung ist also eine gewisse Abweichung der r-Ordinate vom Mittel der Nachbarordination bestimmt, welche Abweichung ohne diese Kraftbeziehung nicht bestehen würde. Diese Andeutung möge hier genügen. ...

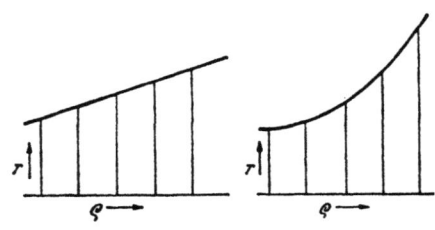

Übersichtliche Kritik der Newton'schen Aufstellungen

Von

Ernst Mach

(Kapitel 2, Abschnitt 7, aus „Die Mechanik in ihrer Entwicklung historisch-kritisch dargestellt", 5. Auflage)

1. Wir können nun, nachdem wir die Einzelheiten genügend besprochen haben, die Form und die Anordnung der Newton'schen Aufstellungen noch einmal überschauen. Newton schickt mehrere

Definitionen voraus und läßt denselben die Gesetze der Bewegung folgen. Wir beschäftigen uns zunächst mit den ersteren.

„Definition 1. Die Menge der Materie wird durch ihre Dichtigkeit und ihr Volumen vereint gemessen. — Diese Menge der Materie werde ich im Folgenden unter dem Namen Körper oder Masse verstehen und sie wird durch das Gewicht des jedesmaligen Körpers bekannt. Daß die Masse dem Gewicht proportional sei, habe ich durch sehr genau angestellte Pendelversuche gefunden, wie später gezeigt werden wird."

„Definition 2. Die Größe der Bewegung wird durch die Geschwindigkeit und die Menge der Materie vereint gemessen."

„Definition 3. Die Materie besitzt das Vermögen, zu widerstehen; deshalb verharrt jeder Körper, soweit es an ihm ist, in seinem Zustande der Ruhe oder der gleichförmigen, geradlinigen Bewegung."

„Definition 4. Eine angebrachte Kraft ist das gegen einen Körper ausgeübte Bestreben, seinen Zustand zu ändern, entweder den der Ruhe oder den der gleichförmigen geradlinigen Bewegung."

„Definition 5. Die Zentripetalkraft bewirkt, daß ein Körper gegen irgendeinen Punkt als Zentrum gezogen oder gestoßen wird, oder auf irgend eine Weise dahin zu gelangen strebt."

„Definition 6. Die absolute Größe der Zentripetalkraft ist das größere oder kleinere Maß derselben, nach Verhältnis der wirkenden Ursache, welche vom Mittelpunkte nach den umgebenden Teilen sich fortpflanzt."

„Definition 7. Die Größe der beschleunigenden Zentripetalkraft ist proportional der Geschwindigkeit, welche sie in einer gegebenen Zeit erzeugt."

„Definition 8. Die Größe der bewegenden Zentripetalkraft ist der Bewegungsgröße proportional, welche sie in seiner gegebenen Zeit erzeugt."

„Man kann der Kürze wegen diese auf dreifache Weise betrachtete Größe der Kraft absolute, beschleunigende und bewegende Kraft nennen, und sie zu gegenseitiger Unterscheidung auf die nach dem Mittelpunkt strebenden Körper, den Ort der Körper und den Mittelpunkt der Kräfte beziehen. Die bewegende Kraft auf den Körper, als ein Streben und Hinneigen des Ganzen gegen das Zentrum, welches aus der Hinneigung der einzelnen Teile zusammengesetzt ist. Die beschleunigende Kraft auf den Ort des Körpers als eine wirkende Ursache, welche sich vom Zentrum aus nach den einzelnen es umgebenden Orten, zur Bewegung des in denselben befindlichen Körpers, fortpflanzt. Die absolute Kraft auf das Zentrum, welches mit einer Ursache begabt ist, ohne welche die bewegenden Kräfte sich nicht durch den Raum fortpflanzen würden. Diese Ursache mag nun irgendein Zentralkörper (wie der Magnet im Zentrum der magnetischen, die Erde im Zentrum der Schwerkraft), oder irgendwie unsichtbar sein. Dies ist wenigstens der mathematische Begriff derselben, denn die physischen Ursachen und Sitze der Kräfte ziehe ich hier nicht in Betracht."

„Die beschleunigende Kraft verhält sich daher zur bewegenden wie die Geschwindigkeit zur Bewegungsgröße. Die Größe der Bewegung entsteht nämlich aus dem Produkte der Geschwindigkeit in die Masse und die bewegende Kraft aus dem Produkte der beschleunigenden Kraft in dieselbe Masse, indem die Summe der Wirkungen, welche die beschleunigende Kraft in den einzelnen Teilen des Körpers hervorbringt, die bewegende Kraft des ganzen Körpers ist. Daher verhält sich in der Nähe der Erdoberfläche, wo die beschleunigende Kraft, d. h. die Kraft der Schwere in allen Körpern dieselbe ist, die bewegende Kraft der Schwere oder das Gewicht, wie der Körper. Steigt man aber zu Gegenden auf, in denen die beschleunigende Kraft der Schwere geringer wird, so wird das Gewicht gleichmäßig vermindert und stets dem Produkt aus der beschleunigenden Kraft der Schwere und dem Körper proportional sein. So wird in Gegenden, wo die beschleunigende Kraft halb so groß ist, das Gewicht eines Körpers um die Hälfte vermindert. Ferner nenne ich die Anziehung und den Stoß in demselben Sinne beschleunigend und bewegend. Die Benennung: Anziehung, Stoß oder Hinneigung gegen den Mittelpunkt nehme ich ohne Unterschied und untereinander vermischt an, indem ich diese Kräfte nicht im physischen, sondern nur im mathematischen Sinne betrachte. Der Leser möge daher aus Bemerkungen dieser Art nicht schließen, daß ich die Art und Weise der Wirkung oder die physische Ursache erkläre, oder auch daß ich den Mittelpunkten (welche geometrische Punkte sind) wirkliche und physische Kräfte beilege, indem ich sage: Die Mittelpunkte ziehen an, oder es finden Mittelpunktskräfte statt."

2. Die Definition 1 ist, wie schon ausführlich dargetan wurde, eine Scheindefinition. Der Massenbegriff wird dadurch nicht klarer, daß man die Masse als das Produkt des Volumens und der Dichte darstellt, da die Dichte selbst nur die Masse der Volumseinheit vorstellt. Die wahre Definition der Masse kann nur aus den dynamischen Beziehungen der Körper abgeleitet werden.

Gegen die Definition 2, die einen bloßen Rechnungsausdruck erklärt, ist nichts einzuwenden. Hingegen wird die Definition 3 (Trägheit) durch die Kraftdefinitionen 4—8 überflüssig gemacht, da durch die beschleunigende Natur der Kräfte die Trägheit schon gegeben ist.

Definition 4 erklärt die Kraft als Beschleunigungsursache oder das Beschleunigungsbestreben eines Körpers. Letzteres rechtfertigt sich dadurch, daß auch in dem Falle, als Beschleunigungen nicht auftreten können, andere denselben entsprechende Veränderungen, Druck, Dehnung der Körper usw. eintreten. Die Ursache einer Beschleunigung gegen ein bestimmtes Zentrum hin wird in Definition 5 als Zentripetalkraft erklärt, und in 6, 7, 8 in die absolute, beschleunigende und bewegende geschieden. Es ist wohl Geschmacks- und Formsache, ob man die Erläuterung des Kraftbegriffes in eine oder mehrere Definitionen fassen will. Prinzipiell ist gegen die Newton'schen Definitionen nichts einzuwenden.

3. Es folgen nun die Axiome oder Gesetze der Bewegung, von welchen Newton drei aufstellt:

„1. Gesetz. Jeder Körper beharrt in seinem Zustande der Ruhe oder der gleichförmigen geradlinigen Bewegung, wenn er nicht durch einwirkende Kräfte gezwungen wird, seinen Zustand zu ändern."

„2. Gesetz. Die Änderung der Bewegung ist der Einwirkung der bewegenden Kraft proportional und geschieht nach der Richtung derjenigen geraden Linie, nach welcher jene Kraft wirkt."

„3. Gesetz. Die Wirkung ist stets der Gegenwirkung gleich, oder die Wirkungen zweier Körper aufeinander sind stets gleich und von entgegengesetzter Richtung."

Diesen drei Gesetzen schließt Newton mehrere Zusätze an. Der 1. und 2. Zusatz bezieht sich auf das Prinzip des Kräfteparallelogramms, der 3. auf die bei der Gegenwirkung erzeugte Bewegungsquantität, der 4. auf die Unveränderlichkeit des Schwerpunktes durch die Gegenwirkung, der 5. und 6. auf die relative Bewegung.

4. Man erkennt leicht, daß das 1. und 2. Gesetz durch die vorausgehende Kraftdefinitionen schon gegeben ist. Nach denselben besteht ohne Kraft keine Beschleunigung und demnach nur Ruhe oder geradlinige, gleichförmige Bewegung. Es ist ferner nur eine ganz unnötige Tautologie, nachdem die Beschleunigung als Kraftmaß festgesetzt ist, noch einmal zu sagen, daß die Bewegungsänderung der Kraft proportional sei. Es wäre genügend gewesen zu sagen, daß die vorausgeschickten Definitionen keine willkürlichen mathematischen seien,

sondern in der Erfahrung gegebenen Eigenschaften der Körper entsprechen. Das dritte Gesetz enthält scheinbar etwas Neues. Wir haben aber schon gesehen, daß es ohne den richtigen Massenbegriff unverständlich ist, hingegen durch den Massenbegriff, der selbst nur durch dynamische Erfahrungen gewonnen werden kann, unnötig wird.

Zusatz 1 enthält wirklich etwas Neues. Derselbe betrachtet aber die durch verschiedene Körper M, N, P in einem Körper K bedingten Beschleunigungen als selbstverständlich voneinander unabhängig, während dies gerade ausdrücklich als eine Erfahrungstatsache anzuerkennen wäre. Zusatz 2 ist eine einfache Anwendung des in Zusatz 1 ausgesprochenen Gesetzes. Auch die übrigen Zusätze stellen sich als einfache deduktive (mathematische) Ergebnisse aus den vorausgegangenen Begriffen und Gesetzen dar.

5. Selbst wenn man ganz auf dem Newton'schen Standpunkt bleibt und von den erwähnten Komplikationen und Unbestimmtheiten ganz absieht, welche durch die abgekürzte Bezeichnung „Zeit" und „Raum" nicht beseitigt, sondern nur verdeckt werden, kann man die Newton'schen Aufstellungen durch viel einfachere, methodisch mehr geordnete und befriedigende ersetzen. Dieselben wären unseres Erachtens etwa folgende:

a) Erfahrungssatz. Gegenüberstehende Körper bestimmen unter gewissen von der Experimentalphysik anzugebenden Umständen aneinander entgegengesetzte Beschleunigungen nach der Richtung ihrer Verbindungslinie. (Der Satz der Trägheit ist hier schon eingeschlossen.)

b) Definition. Das Massenverhältnis zweier Körper ist das negative umgekehrte Verhältnis der gegenseitigen Beschleunigungen.

c) Erfahrungssatz. Die Massenverhältnisse sind von der Art der physikalischen Zustände der Körper (ob dieselben elektrische, magnetische usw. sind), welche die wechselseitige Beschleunigung bedingen, unabhängig, sie bleiben auch dieselben, ob sie mittelbar oder unmittelbar gewonnen werden.

d) Erfahrungssatz. Die Beschleunigungen, welche mehrere Körper A, B, C ... an einem Körper K bestimmen, sind voneinander unabhängig. (Der Satz des Kräftenparallelogramms folgt hieraus unmittelbar.)

e) Definition. Bewegende Kraft ist das Produkt aus dem Massenwert eines Körpers in die an demselben bestimmte Beschleunigung.

Nun könnten noch die übrigen willkürlichen Definitionen der Rechnungsausdrücke „Bewegungsgröße", „lebendige Kraft" usw.

folgen, welche aber durchaus nicht unentbehrlich sind. Die angeführten Sätze erfüllen die Forderung der Einfachheit und Sparsamkeit, welche man an dieselben aus ökonomisch-wissenschaftlichen Gründen stellen muß. Sie sind auch durchsichtig und klar, denn es kann bei keinem derselben ein Zweifel bestehen, was er bedeutet, aus welcher Quelle er stammt, ob er eine Erfahrung oder eine willkürliche Festsetzung ausspricht.

6. Im Ganzen kann man sagen, daß Newton in vorzüglicher Weise die Begriffe und Sätze herausgefunden hat, welche genügend gesichert waren, um auf dieselben weiter zu bauen. Er dürfte zum Teil durch die Schwierigkeit und Neuheit des Gegenstandes seinen Zeitgenossen gegenüber zu einer großen Breite und dadurch zu einer gewissen Zerrissenheit der Darstellung genötigt gewesen sein, infolge welcher z. B. ein und dieselbe Eigenschaft der mechanischen Vorgänge mehrmals formuliert erscheint. Teilweise war er aber nachweislich über die Bedeutung und namentlich über die Erkenntnisquelle seiner Sätze selbst nicht vollkommen klar. Und auch dies vermag nicht den leisesten Schatten auf seine geistige Größe zu werfen. Derjenige, welcher einen neuen Standpunkt zu erwerben hat, kann denselben natürlich nicht von vornherein so sicher innehaben, wie jene, welche diesen Standpunkt mühelos von ihm übernehmen. Er hat genug getan, wenn er Wahrheiten gefunden hat, auf die man weiter bauen kann. Denn jede neue Folgerung bietet zugleich eine neue Einsicht, eine neue Kontrolle, eine Erweiterung der Übersicht, eine Klärung des Standpunktes. Der Feldherr so wenig als der große Entdecker kann bei jedem gewonnenen Posten kleinliche Untersuchungen darüber anstellen, mit welchem Recht er denselben besitzt. Die Größe der zu lösenden Aufgabe läßt hierzu keine Zeit. Später wird dies anders. Von den beiden folgenden Jahrhunderten dürfte Newton wohl erwarten, daß sie die Grundlagen des von ihm Geschaffenen weiter untersuchen und befestigen würden. In der Tat können in Zeiten größerer wissenschaftlicher Ruhe die Prinzipien ein höheres philosophisches Interesse gewinnen, als alles, was sich auf dieselben bauen läßt. Dann treten Fragen auf, wie die hier behandelten, zu deren Beantwortung hier vielleicht ein kleiner Beitrag geliefert worden ist. Wir stimmen dem mit Recht hochberühmten Physiker W. Thomson (Lord Kelvin) in der Verehrung und Bewunderung Newtons bei. Sir W. Thomsons Ansicht aber, daß die Newton'schen Aufstellungen auch heute noch das Beste und Philosophischste seien, was man geben könne, ist uns schwer verständlich.

Die Ökonomie der Wissenschaft

Von

Ernst Mach

(Kapitel 4, Abschnitt 4, aus „Die Mechanik in ihrer Entwicklung historisch-kritisch dargestellt", 5. Auflage)

1. Alle Wissenschaft hat Erfahrungen zu ersetzen oder zu ersparen durch Nachbildung und Vorbildung von Tatsachen in Gedanken, welche Nachbildungen leichter zur Hand sind als die Erfahrung selbst und dieselbe in mancher Beziehung vertreten können. Diese ökonomische Funktion der Wissenschaft, welche deren Wesen ganz durchdringt, wird schon durch die allgemeinsten Überlegungen klar. Mit der Erkenntnis des ökonomischen Charakters verschwindet auch alle Mystik aus der Wissenschaft. Die Mitteilung der Wissenschaft durch den Unterricht bezweckt, einem Individuum Erfahrung zu ersparen durch Übertragung der Erfahrung eines anderen Individuums. Ja, es werden sogar die Erfahrungen ganzer Generationen durch die schriftliche Aufbewahrung in Bibliotheken späteren Generationen übertragen und diesen daher erspart. Natürlich ist auch die Sprache, das Mittel der Mitteilung, eine ökonomische Einrichtung. Die Erfahrungen werden mehr oder weniger vollkommen in einfachere, häufiger vorkommende Elemente zerlegt, und zum Zwecke der Mitteilung, stets mit einem Opfer an Genauigkeit, symbolisiert. Diese Symbolisierung ist bei der Lautsprache durchgängig noch eine rein nationale und wird es wohl noch lange bleiben. Die Schriftsprache nähert sich aber allmählich dem Ideale einer internationalen Universalschrift, denn sie ist keine reine Lautschrift mehr. Wir müssen die Zahlzeichen, die algebraischen und mathematischen Zeichen überhaupt, die chemischen Zeichen, die musikalische Notenschrift, die (Brücke'sche) phonetische Schrift, schon als Teile einer künftigen Universalschrift betrachten, die zum Teil schon sehr abstrakter Natur und fast ganz international sind. Die Analyse der Farben ist physikalisch und physiologisch auch bereits so weit, daß eine unzweideutige internationale Bezeichnung der physikalischen Farben und der Farbenempfindungen keine prinzipiellen Schwierigkeiten mehr hat. Endlich liegt in der chinesischen Schrift eine wirkliche Begriffsschrift vor, welche von verschiedenen Völkern phonetisch ganz verschieden gelesen, aber von allen in demselben Sinne verstanden wird. Ein einfacheres Zeichensystem könnte diese Schrift zu einer universellen machen. Die

Beseitigung des konventionellen und historisch zufälligen aus der Grammatik, und die Beschränkung der Formen auf das Notwendige, wie dies im Englischen fast erreicht ist, wird der Einführung einer solchen Schrift vorausgehen müssen. Der Vorteil einer solchen Schrift läge nicht allein in deren Allgemeinheit. Das Lesen einer derartigen Schrift wäre von dem Verstehen derselben nicht verschieden. Unsere Kinder lesen oft, was sie nicht verstehen. Der Chinese kann nur lesen, was er versteht.

2. Wenn wir Tatsachen in Gedanken nachbilden, so bilden wir niemals die Tatsachen überhaupt nach, sondern nur nach jener Seite, welche für uns wichtig ist, wir haben hierbei ein Ziel, welches unmittelbar, oder mittelbar, aus einem praktischen Interesse hervorgewachsen ist. Unsere Nachbildungen sind immer Abstraktionen. Auch hierin spricht sich ein ökonomischer Zug aus.

Die Natur setzt sich aus den durch die Sinne gegebenen Elementen zusammen. Der Naturmensch faßt aber zunächst gewisse Komplexe dieser Elemente heraus, die mit einer relativen Stabilität auftreten und die für ihn wichtiger sind. Die ersten und ältesten Worte sind Namen für „Dinge". Hierin liegt schon ein Absehen von der Umgebung der Dinge, von den fortwährenden kleinen Veränderungen, welche diese Komplexe erfahren und welche als weniger wichtig nicht beobachtet werden. Es gibt in der Natur kein unveränderliches Ding. Das Ding ist eine Abstraktion, der Name ein Symbol für einen Komplex von Elementen, von deren Veränderung wir absehen. Daß wir den ganzen Komplex durch ein Wort, durch ein Symbol bezeichnen, geschieht, weil wir ein Bedürfnis haben, alle zusammengehörigen Eindrücke auf einmal wach zu rufen. Sobald wir auf einer höheren Stufe auf diese Veränderungen achten, können wir natürlich nicht zugleich die Unveränderlichkeit festhalten, wenn wir nicht zum „Ding an sich" und ähnlichen widerspruchsvollen Vorstellungen gelangen wollen. Die Empfindungen sind auch keine „Symbole der Dinge". Vielmehr ist das „Ding" ein Gedankensymbol für einen Empfindungskomplex von relativer Stabilität. Nicht die Dinge (Körper), sondern Farben, Töne, Drücke, Räume, Zeiten (was wir gewöhnlich Empfindungen nennen) sind eigentliche Elemente der Welt.

Der ganze Vorgang hat lediglich einen ökonomischen Sinn. Wir beginnen bei Nachbildung der Tatsachen mit den stabileren, gewöhnlichen uns geläufigen Komplexen und fügen nachträglich das Ungewöhnliche korrigierend hinzu. Wenn wir z. B. von einem durchbohrten Zylinder, von einem Würfel mit abgestutzten Ecken sprechen, so ist dies genau genommen eigentlich ein Widerspruch, wenn wir nicht die eben angegebene Auffassung annehmen. Alle Urteile sind derartige Ergänzungen und Korrekturen schon vorhandener Vorstellungen.

3. Wenn wir von Ursache und Wirkung sprechen, so heben wir willkürlich jene Momente heraus, auf deren Zusammenhang wir bei Nachbildung einer Tatsache in der für uns wichtigen Richtung zu achten haben. In der Natur gibt es keine Ursache und keine Wirkung. Die Natur ist nur einmal da. Wiederholungen gleicher Fälle, in welchen A immer mit B verknüpft wäre, also gleiche Erfolge unter gleichen Umständen, also das Wesentliche des Zusammenhanges von Ursache und Wirkung, existieren nur in der Abstraktion, die wir zum Zwecke der Nachbildung der Tatsachen vornehmen. Ist uns eine Tatsache geläufig geworden, so bedürfen wir dieser Heraushebung der zusammenhängenden Merkmale nicht mehr, wir machen uns nicht mehr auf das Neue, Auffallende aufmerksam, wir sprechen nicht mehr von Ursache und Wirkung. Die Wärme ist die Ursache der Spannkraft des Dampfes. Ist uns das Verhältnis geläufig geworden, so stellen wir uns den Dampf gleich mit der zu seiner Temperatur gehörigen Spannkraft vor. Die Säure ist die Ursache der Rötung der Lackmustinktur. Später gehört aber diese Rötung unter die Eigenschaften der Säure.

Hume hat sich zuerst die Frage vorgelegt: Wie kann ein Ding A auf ein anderes B wirken? Er erkennt auch keine Kausalität, sondern nur eine uns gewöhnlich und geläufig gewordene Zeitfolge an. Kant hat richtig erkannt, daß nicht die bloße Beobachtung uns die Notwendigkeit der Verknüpfung von A und B lehren kann. Er nimmt einen angeborenen Verstandesbegriff an, unter welchen ein in der Erfahrung gegebener Fall subsumiert wird. Schopenhauer, der im wesentlichen denselben Standpunkt hat, unterscheidet eine vierfache Form des „Satzes vom zureichenden Grunde", die logische, physische, mathematische Form und das Gesetz der Motivation. Diese Formen unterscheiden sich aber nur nach dem Stoff, auf welchen sie angewandt werden, welcher teils der äußeren und teils der inneren Erfahrung angehört.

Die naive und natürliche Aufklärung scheint folgende zu sein. Die Begriffe Ursache und Wirkung entstehen erst durch das Bestreben, die Tatsachen nachzubilden. Zunächst entsteht nur eine Gewohnheit der Verknüpfung von A und B, C und D, E und F usw. Beobachtet man, wenn man schon viel Erfahrung besitzt, eine Verknüpfung von M und N, so erkennt man oft M als aus A, C, E, und N als aus B, D, F bestehend, deren Verknüpfung schon geläufig ist, und uns mit einer höheren Autorität gegenübertritt. Dadurch erklärt es sich, daß der erfahrene Mensch jede neue Erfahrung mit anderen Augen ansieht, als der Neuling. Die neue Erfahrung tritt der ganz älteren gegenüber. In der Tat gibt es also einen „Verstandesbegriff", unter welchem jede neue Erfahrung subsumiert wird; derselbe ist aber durch die Erfahrung selbst entwickelt. Die Vorstellung von der Notwendigkeit des Zusammenhanges von Ursache und Wirkung bildet sich wahrscheinlich durch unsere willkürliche Bewegung und die Veränderungen, welche wir mittelbar durch diese hervorbringen, wie dies Hume flüchtig angenommen, selbst aber nicht aufrecht gehalten hat. Wichtig ist für die Autorität der Begriffe Ursache und Wirkung, daß sich dieselben instinktiv und unwillkürlich entwickeln, daß wir deutlich fühlen, persönlich nichts zur Bildung derselben beigetragen zu haben. Ja, wir können sogar sagen, daß das Gefühl der Kausalität nicht von dem Individuum erworben, sondern durch die Entwicklung der Art vorgebildet sei. Ursache und Wirkung sind also Gedankendinge von ökonomischer Funktion. Auf die Frage, warum sie entstehen, läßt sich keine Antwort geben. Denn eben durch die Abstraktion von Gleichförmigkeiten erlernen wir erst die Frage „warum".

4. Fassen wir die Einzelheiten der Wissenschaft ins Auge, so tritt ihr ökonomischer Charakter noch mehr hervor. Die sogenannten beschreibenden Wissenschaften müssen sich vielfach damit begnügen, einzelne Tatsachen nachzubilden. Wo es angeht, wird das Gemeinsame mehrerer Tatsachen ein für allemal herausgehoben. Bei höher entwickelten Wissenschaften gelingt es, die Nachbildungsanweisung für sehr viele Tatsachen in einen einzigen Ausdruck zu fassen. Statt z. B. die verschiedenen vorkommenden Fälle der Lichtbrechung uns einzeln zu merken, können wir alle vorkommenden sofort nachbilden oder vorbilden, wenn wir wissen, daß der einfallende, der gebrochene Strahl und das Lot in einer Ebene liegen und $\frac{\sin \alpha}{\sin \beta} = n$ ist. Wir haben dann statt der unzähligen Brechungsfälle bei verschiedenen Stoffkombinationen und Einfallswinkeln nur diese Anweisung und die Werte der n zu merken, was viel leichter angeht. Die ökonomische Tendenz ist hier unverkennbar. In der Natur gibt es auch kein Brechungsgesetz, sondern nur verschiedene Fälle der Brechung. Das Brechungsgesetz ist eine zusammenfassende, konzentrierte Nach-

bildungsanweisung für uns, und zwar nur bezüglich der geometrischen Seite der Tatsache.

5. Am weitesten nach der ökonomischen Seite sind die Wissenschaften entwickelt, deren Tatsachen sich in nur wenige gleichartige, abzählbare Elemente zerlegen lassen, wie z. B. die Mechanik, in welcher wir nur mit Räumen, Zeiten, Massen zu tun haben. Die ganze vorgebildete Ökonomie der Mechanik kommt diesen Wissenschaften zugute. Die Mathematik ist eine Ökonomie des Zählens. Zahlen sind Ordnungszeichen, die aus Rücksichten der Übersicht und Ersparung selbst in ein einfaches System gebracht sind. Die Zähloperationen werden als von der Art der Objekte unabhängig erkannt und ein für allemal eingeübt. Wenn ich zu 5 gleichartigen Objekten 7 hinzufüge, so zähle ich zur Bestimmung der Summe erst noch einmal alle durch, dann bemerke ich, daß ich von 5 gleich weiter zählen kann, und bei mehrmaliger Wiederholung solcher Fälle erspare ich mir das Zählen ganz und antizipiere das bereits bekannte Resultat des Zählens.

Alle Rechnungsoperationen haben den Zweck, das direkte Zählen zu ersparen und durch die Resultate schon vorher vorgenommener Zählprozesse zu ersetzen. Wir wollen dieselbe Zähloperation nicht öfter wiederholen als es nötig ist. Schon die vier Species enthalten reichliche Belege für die Richtigkeit dieser Auffassung. Dieselbe Tendenz führt aber auch zur Algebra, welche die formgleichen Zähloperationen, soweit sie sich unabhängig von dem Werte der Zahlen ausführen lassen, ein für allemal darstellt. Aus der Gleichung

$$\frac{x^2-y^2}{x+y} = x-y$$

lernen wir z. B., daß die komplizierte Zähloperation links, sich stets durch die einfachere rechts ersetzen läßt, was auch x und y für Zahlen sein mögen. Wir ersparen uns dadurch, die komplizierte Operation in jedem künftigen Fall auszuführen. Mathematik ist die Methode, neue Zähloperationen soweit als möglich und in der sparsamsten Weise durch bereits früher ausgeführte, also nicht zu wiederholende, zu ersetzen. Es kann hierbei vorkommen, daß die Resultate von Operationen verwendet werden, welche vor Jahrhunderten wirklich ausgeführt worden sind.

Anstrengendere Kopfoperationen können oft durch mechanische Kopfoperationen mit Vorteil ersetzt werden. Die Theorie der Determinanten verdankt z. B. ihren Ursprung der Bemerkung, daß es nicht nötig ist, die Auflösung der Gleichungen von der Form

$$a_1 x + b_1 y + c_1 = 0$$
$$a_2 x + b_2 y + c_2 = 0$$

aus welchen sich ergibt

$$x = -\frac{c_1 b_2 - c_2 b_1}{a_1 b_2 - a_2 b_1} = -\frac{P}{N}$$

$$y = -\frac{a_1 c_2 - a_2 c_1}{a_1 b_2 - a_2 b_1} = -\frac{Q}{N}$$

jedesmal aufs neue durchzuführen, sondern daß man die Auflösung aus den Koeffizienten herstellen kann, indem man dieselben nach einem gewissen Schema anschreibt und in mechanischer Weise mit denselben operiert. Es ist

$$\begin{vmatrix} a_1 & b_1 \\ a_2 & b_2 \end{vmatrix} = a_1 b_2 - a_2 b_1 = N$$

und analog

$$\begin{vmatrix} c_1 & b_1 \\ c_2 & b_2 \end{vmatrix} = P, \quad \begin{vmatrix} a_1 & c_1 \\ a_2 & c_2 \end{vmatrix} = Q$$

Bei mathematischen Operationen kann sogar eine gänzliche Entlastung des Kopfes eintreten, indem man einmal ausgeführte Zähloperationen durch mechanische Operationen mit Zeichen symbolisiert, und statt die Hirnfunktion auf Wiederholung schon ausgeführter Operationen zu verschwenden, sie für wichtigere Fälle spart. Ähnlich sparsam verfährt der Kaufmann, indem er, statt seine Kisten selbst herumzuschieben, mit Anweisungen auf dieselben operiert. Die Handarbeit des Rechners kann sogar noch durch Rechenmaschinen übernommen werden. Solche Maschinen gibt es bekanntlich schon mehrere. Dem Mathematiker Babbage, der eine derartige Maschine konstruiert hat, waren die hier dargelegten Gedanken schon sehr klar.

Nicht immer muß ein Zählresultat durch wirkliche Zählung, es kann auch indirekt gefunden werden. Man kann z. B. leicht ermitteln, daß eine Kurve, deren Quadratur für die Abszisse x den Wert x^m hat, einen Zuwachs $m\, x^{m-1} d x$ der Quadratur für den Abszissenzuwachs $d x$ ergibt. Dann weiß man auch, daß $\int m\, x^{m-1} d x = x^m$, d. h. man erkennt, daß zu dem Zuwachs $m\, x^{m-1} d x$ die Größe x^m gehört, so wie man eine Frucht an ihrer Schale erkennt. Solche durch Umkehrung zufällig gefundene Resultate werden in der Mathematik vielfach verwendet.

Es könnte auffallen, daß längst geleistete, wissenschaftliche Arbeit wiederholt verwendet werden kann, was bei mechanischer Arbeit natürlich nicht angeht. Wenn jemand, der täglich einen Gang zu machen hat, einmal durch Zufall einen kürzeren Weg findet und nun stets denselben einschlägt, indem er sich der Abkürzung erinnert, erspart er sich allerdings die Differenz der Arbeit. Allein die Erinnerung ist keine eigentliche Arbeit, sondern eine Auslösung von zweckmäßigerer Arbeit. Gerade so verhält es sich mit der Verwendung wissenschaftlicher Gedanken.

Wer Mathematik treibt, ohne sich in der angedeuteten Richtung Aufklärung zu verschaffen, muß oft den unbehaglichen Eindruck erhalten, als ob Papier und Bleistift ihn selbst an Intelligenz überträfen. Mathematik in dieser Weise als Unterrichtsgegenstand betrieben, ist kaum bildender als die Beschäftigung mit Kabbala oder dem magischen Quadrat. Notwendig entsteht dadurch eine mystische Neigung, welche gelegentlich ihre Früchte trägt.

6. Die Physik liefert nun ganz ähnliche Beispiele einer Ökonomie der Gedanken, wie diejenigen, welche wir eben betrachtet haben. Ein kurzer Hinweis darauf wird genügen. Das Trägheitsmoment erspart uns die Betrachtung der einzelnen Massenteile. Mit Hilfe der Kraftfunktion ersparen wir die Untersuchung der einzelnen Kraftkomponenten. Die Einfachheit der Überlegungen mit Hilfe der Kraftfunktion beruht darauf, daß schon eine Menge Überlegungen dem Auffinden der Eigenschaften der Kraftfunktion vorausgehen mußten. Die Gauß'sche Dioptrik erspart uns die Betrachtung der einzelnen brechenden Flächen eines dioptrischen Systems und ersetzt diese durch die Haupt- und Brennpunkte. Die Betrachtung der einzelnen Flächen mußte aber der Auffindung der Haupt- und Brennpunkte vorausgehen. Die Gauß'sche Dioptrik erspart nur die fortwährende Wiederholung dieser Betrachtung.

Man muß also sagen, daß es gar kein wissenschaftliches Resultat gibt, welches prinzipiell nicht auch ohne alle Methode gefunden werden könnte. Tatsächlich ist aber in der kurzen Zeit eines Menschenlebens und bei dem begrenzten Gedächtnis des Menschen ein nennenswertes Wissen nur durch die größte Ökonomie der Gedanken erreichbar. Die Wissenschaft kann daher selbst als eine Minimumaufgabe angesehen werden, welche darin besteht, möglichst vollständig die Tatsachen mit dem geringsten Gedankenaufwand darzustellen.

7. Alle Wissenschaft hat nach unserer Auffassung die Funktion, Erfahrung zu ersetzen. Sie muß daher zwar einerseits in dem Gebiete der Erfahrung bleiben, eilt aber doch andererseits der Erfahrung voraus, stets einer Bestätigung, aber auch Widerlegung gewärtig.

Wo weder eine Bestätigung noch eine Widerlegung möglich ist, dort hat die Wissenschaft nichts zu schaffen. Sie bewegt sich immer nur auf dem Gebiete der unvollständigen Erfahrung. Muster solcher Zweige der Wissenschaft sind die Theorien der Elastizität und der Wärmeleistung, die beide den kleinsten Teilen der Körper nur dieselben Eigenschaften beilegen, welche uns die Beobachtung an größeren Teilen direkt kennen lehrt. Die Vergleichung zwischen Theorie und Erfahrung kann mit der Verfeinerung der Beobachtungsmittel immer weiter getrieben werden.

Die Erfahrung allein, ohne die sie begleitenden Gedanken, würde uns stets fremd sein. Diejenigen Gedanken, welche auf dem größten Gebiet festgehalten werden können und am ausgiebigsten die Erfahrung ergänzen, sind die wissenschaftlichsten. Man geht bei der Forschung nach dem Prinzip der Kontinuität vor, weil nur nach diesem Prinzip eine nützliche und ökonomische Auffassung der Erfahrung sich ergeben kann.

8. Wenn wir einen langen elastischen Stab einklemmen, so kann derselbe in langsame, direkt beobachtbare Schwingungen versetzt werden. Diese Schwingungen kann man sehen, tasten, graphisch verzeichnen, usw. Bei Abkürzung des Stabes werden die Schwingungen rascher und können nicht mehr direkt gesehen werden; der Stab gibt ein verwischtes Bild, eine neue Erscheinung. Allein die Tastempfindung ist der früheren noch ähnlich, wir können den Stab seine Bewegungen noch aufzeichnen lassen, und wenn wir die Vorstellung der Schwingungen noch festhalten, so sehen wir die Ergebnisse der Versuche voraus. Bei weiterer Abkürzung des Stabes ändert sich auch die Tastempfindung, er fängt zudem an zu tönen; es tritt also wieder eine neue Erscheinung auf. Da sich aber nicht alle Erscheinungen auf einmal gänzlich ändern, sondern immer nur eine oder die andere, bleibt der begleitende Gedanke der Schwingung, der ja nicht an eine einzelne gebunden ist, noch immer nützlich, noch immer ökonomisch. Selbst wenn der Ton so hoch und die Schwingungen so klein geworden sind, daß die erwähnten Beobachtungsmittel der früheren Fälle versagen, stellen wir uns mit Vorteil noch den tönenden Stab schwingend vor und können die Schwingungen der dunklen Streifen im Spektrum des polarisierten Lichtes eines Glasstabes voraussagen. Würden alle Erscheinungen bei weiterer Abkürzung plötzlich in neue übergehen, so würde die Vorstellung der Schwingung nichts mehr nützen, weil dieselbe kein Mittel mehr bieten würde, die neuen Erfahrungen durch die früheren zu ergänzen.

Wenn wir zu den wahrnehmbaren Handlungen der Menschen uns unwahrnehmbare Empfindungen und Gedanken, ähnlich den unsrigen, hinzudenken, so hat diese Vorstellung einen ökonomischen Wert, indem sie uns die Erfahrung verständlich macht, d. h. ergänzt und erspart. Diese Vorstellung wird nur deshalb nicht als eine große wissenschaftliche Entdeckung betrachtet, weil sie sich so mächtig aufdrängt, daß jedes Kind sie findet. Man verfährt ganz ähnlich, wenn man sich einen eben hinter einer Säule verschwundenen bewegten Körper, oder einen eben nicht sichtbaren Kometen mit allen seinen vorher beobachteten Eigenschaften in seiner Bahn fortbewegt denkt, um durch das Wiedererscheinen nicht überrascht zu werden. Man füllt die Erfahrungslücken durch die Vorstellungen aus, welche eben die Erfahrung an die Hand gegeben hat.

9. Nicht jede bestehende wissenschaftliche Theorie ergibt sich so natürlich und ungekünstelt. Wenn z. B. chemische, elektrische, optische Erscheinungen durch Atome erklärt werden, so hat sich die Hilfsvorstellung der Atome nicht nach dem Prinzip der Kontinuität ergeben, sie ist vielmehr für diesen Zweck eigens erfunden. Atome können wir nirgends wahrnehmen, sie sind, wie alle Substanzen, Gedankendinge. Ja, den Atomen werden zum Teil Eigenschaften zugeschrieben, welche allen bisher beobachteten widersprechen. Mögen die Atomtheorien immerhin geeignet sein, eine Reihe von Tatsachen darzustellen, die Naturforscher, welche Newtons Regeln des Philosophierens sich zu Herzen genommen haben, werden diese Theorien nur als provisorische Hilfsmittel gelten lassen und einen Ersatz durch eine natürlichere Anschauung anstreben.

Die Atomtheorie hat in der Physik eine ähnliche Funktion, wie gewisse mathematische Hilfsvorstellungen; sie ist ein mathematisches Modell zur Darstellung der Tatsachen. Wenn man auch die Schwingungen durch Sinusformeln, die Abkühlungsvorgänge durch Exponentielle, die Fallräume durch Quadrate der Zeiten darstellt, so denkt doch niemand daran, daß die Schwingung an sich mit einer Winkel- oder Kreisfunktion, der Fall an sich mit dem Quadrieren, etwas zu schaffen hat. Man hat eben bemerkt, daß zwischen den beobachteten Größen ähnliche Beziehungen stattfinden wie zwischen gewissen uns geläufigen Funktionen, und benützt diese geläufigen Vorstellungen zur bequemen Ergänzung der Erfahrung. Naturerscheinungen, welche in ihren Beziehungen nicht jenen der uns geläufigen Funktionen gleichen, sind jetzt sehr schwer darzustellen. Das kann anders werden mit den Fortschritten der Mathematik. — Als solche mathematische Hilfsvorstellungen können auch Räume von mehr als drei Dimensionen nützlich werden, wie ich dies anderwärts auseinandergesetzt habe. Man hat deshalb nicht nötig, dieselben für mehr zu halten als für Gedankendinge[1].

---

[1] Bekanntlich hat sich durch die Bemühungen von Lobatschewsky, Bolyai, Gauß, Riemann, allmählich die Einsicht Bahn gebrochen, daß dasjenige, was wir Raum nennen, ein spezieller wirklicher Fall eines allgemeineren, denkbaren Falles mehrfacher quantitativer Mannigfaltigkeit sei. Der Raum des Gesichtes und Getastes ist eine dreifache Mannigfaltigkeit, er hat drei Dimensionen, jeder Ort in demselben kann durch drei voneinander unabhängige Merkmale bestimmt werden. Es ist nun eine vierfache, oder noch mehrfache, raumähnliche Mannigfaltigkeit denkbar. Und auch die Art der Mannigfaltigkeit kann anders gedacht werden als sie im gegebenen Raum angetroffen wird. Wir halten diese Aufklärung, um die sich Riemann am meisten verdient gemacht hat, für sehr wichtig. Die Eigenschaften des gegebenen Raumes erscheinen sofort als Objekte der Erfahrung, und alle geometrischen Pseudotheorien, welche dieselben herausphilosophieren wollen, entfallen.

Einem Wesen, welches in der Kugelfläche leben würde und keinen anderen Raum zum Vergleich hätte, würde sein Raum überall gleich beschaffen erscheinen. Es könnte denselben unendlich halten und würde nur durch die Erfahrung vom Gegenteil überzeugt. Von zwei Punkten eines größten Kreises senkrecht zu demselben ebenfalls nach größten Kreisen fortschreitend, würde dieses Wesen kaum erwarten, daß diese Kreise sich irgendwo schneiden. So kann auch für den uns gegebenen Raum nur die Erfahrung lehren, ob derselbe endlich ist, ob Parallellinien in demselben sich schneiden usw. Diese Aufklärung kann kaum hoch genug angeschlagen werden. Eine ähnliche Aufklärung, wie sie Riemann für die Wissenschaft herbeigeführt, hat sich für das gemeine Bewußtsein in bezug auf die Erdoberfläche durch die Entdeckungen der ersten Weltumsegler ergeben.

Die theoretische Untersuchung der erwähnten mathematischen Möglichkeiten hat zunächst mit der Frage, ob denselben Realitäten entsprechen, nichts zu tun und man darf daher auch nicht die genannten Mathematiker für die Monstrositäten verantwortlich machen, welche durch ihre Untersuchungen angeregt worden sind. Der Raum des Gesichtes und Getastes ist dreidimensional, daran hat nie jemand gezweifelt. Würden aus diesem Raume Körper verschwinden, oder neue in denselben hineingeraten, so könnte die Frage, ob es eine Erleichterung der Einsicht und der Übersicht gewährt, sich den gegebenen Raum als Teil eines vier- oder mehrdimensionalen Raumes zu denken, wissenschaftlich diskutiert werden. Diese vierte Dimension bliebe darum immer noch ein Gedankending.

So steht aber die Sache nicht. Derartige Erscheinungen sind vielmehr erst nach dem Bekanntwerden der neuen Anschauungen in Gegenwart gewisser Personen in Spiritistengesellschaften aufgetreten. Manchen Theologen, welche in Verlegenheit waren die Hölle unterzubringen und den

So verhält es sich auch mit allen Hypothesen, welche zur Erklärung neuer Erscheinungen herangezogen werden. Unsere Gedanken über elektrische Vorgänge folgen diesen sofort, beinahe von selbst, in den gewohnten Bahnen ablaufend, sobald wir bemerken, daß alles so vorgeht, als ob sich anziehende und abstoßende Flüssigkeiten auf der Oberfläche der Leiter wären. Diese Hilfsvorstellungen selbst haben aber mit der Erscheinung an sich nichts zu schaffen.

10. Die Vorstellung von einer Ökonomie des Denkens entwickelte sich mir durch Lehrerfahrungen, durch die Praxis des Unterrichts. Ich hatte dieselbe schon, als ich 1861 meine Vorlesungen als Privatdozent begann und glaubte, damals im alleinigen Besitz derselben zu sein, was man wohl verzeihlich finden wird. Ich bin jetzt im Gegenteil davon überzeugt, daß wenigstens eine Ahnung dieser Einsicht stets ein Gemeingut aller Forscher gewesen sein muß, welche über das Forschen als solches sich überhaupt Gedanken gemacht haben. Der

---

Spiritisten kam die vierte Dimension sehr gelegen. Der Nutzen der vierten Dimension für die Spiritisten ist folgender. Aus einer begrenzten Linie kann man, ohne die Endpunkte zu passieren durch die zweite Dimension, aus der von einer Kurve umgrenzten Fläche durch die dritte, und analog aus einem geschlossenen Raum durch die vierte Dimension entweichen, ohne die Grenzen zu durchbrechen. Selbst das, was die Taschenspieler bisher harmlos in drei Dimensionen trieben, erhält nun durch die vierte Dimension einen neuen Nimbus. Alle Spiritistenkünste, in geschlossene Schnüre Knoten zu machen, oder dieselben zu lösen, aus geschlossenen Räumen Körper zu entfernen, gelingen nur in Fällen, wo gar nichts darauf ankommt. Alles läuft auf nutzlose Spielerei hinaus. Ein Accoucheur, der eine Geburt durch die vierte Dimension bewerkstelligt hätte, ist noch nicht aufgetreten. Die Frage würde sofort eine ernste, wenn dies geschehe. Professor Simonys schöne Knotenkünste, welche sich taschenspielerisch sehr hübsch verwerten lassen, sprechen nicht für, sondern gegen die Spiritisten.

Es sei jedem unbenommen, eine Meinung aufzustellen und Beweise für dieselbe beizubringen. Ob aber ein Naturforscher auf irgendeine aufgestellte Meinung in einer ernsten Untersuchung einzugehen Wert findet, das zu entscheiden muß seinem Verstand und Instinkt überlassen werden. Sollten diese Dinge sich als wahr erweisen, so werde ich mich nicht schämen, der letzte zu sein, der sie glaubt. Was ich davon gesehen habe, war nicht geeignet, mich gläubiger zu machen.

Als mathematisch-physikalisches Hilfsmittel habe ich selbst die mehrdimensionalen Räume schon vor dem Erscheinen der Riemann'schen Abhandlung betrachtet. Ich hoffe aber, daß mit dem, was ich darüber gedacht, gesagt und geschrieben habe, niemand die Kosten einer Spukgeschichte bestreiten wird. (Vgl. MACH, Die Geschichte und die Wurzel des Satzes von der Erhaltung der Arbeit.)

Ausdruck dieser Einsicht kann ja noch sehr verschiedene Formen annehmen. So möchte ich das Leitmotiv der Simplizität und der Schönheit, welches bei Copernicus und Galilei so deutlich hervortritt, nicht nur als ästhetisch, sondern auch als ökonomisch bezeichnen. Auch Newtons „Regulae Philosophandi" sind wesentlich von ökonomischen Gesichtspunkten beeinflußt, wenn auch das ökonomische Prinzip als solches nicht ausdrücklich ausgesprochen ist. MacCormack hat in einem interessanten Artikel „An episode in the history of philosophy" (The open Court, April 4, 1895) gezeigt, daß Adam Smith in seinen „Essays" der Gedanke der Ökonomie der Wissenschaft recht nahe lag. In neuerer Zeit ist die betreffende Einsicht, wenn auch in verschiedener Form, wiederholt ausgesprochen worden, von mir in meinem 1871 gehaltenen Vortrag „Über die Erhaltung der Arbeit", von Clifford 1872 in seinen „Lectures and Essays", von Kirchhoff in seiner „Mechanik" 1874, und von Avenarius 1876. Auf eine mündliche Äußerung des Nationalökonomen E. Herrmann habe ich schon in „Erhaltung der Arbeit" (S. 55, Note 5) hingewiesen. Eine auf diesen Gegenstand bezügliche Publikation dieses Autors ist mir jedoch nicht bekannt.

11. Ich möchte hier auf die ergänzende Darstellung in meinen „Populär-wissenschaftlichen Vorlesungen" (S. 203f.) und in den „Prinzipien der Wärmelehre" (S. 294) hinweisen. In letzter Schrift sind auch die Einwendungen von Petzoldt (Vierteljahrsschrift für wissenschaftliche Philosophie, 1891) berücksichtigt. Kürzlich hat Husserl in dem ersten Teil seiner Schrift „Logische Untersuchungen" (1900) neue Bedenken gegen die Denkökonomie vorgebracht. Zum Teil sind dieselben durch die Replik an Petzoldt schon beantwortet. Ich denke nun, daß es sich empfiehlt, mit der ausführlichen Antwort zu warten, bis die ganze Arbeit von Husserl vorliegt und dann erst zu sehen, ob sich keine Verständigung erzielen läßt. Vorläufig möchte ich aber doch einige Bemerkungen vorausschicken. Ich bin als Naturforscher gewöhnt, die Untersuchung an Spezielles anzuknüpfen, dieses auf mich wirken zu lassen und von diesem zum Allgemeineren aufzusteigen. Diese Gewohnheit befolge ich auch bei Untersuchung der Entwicklung der physikalischen Erkenntnis. Ich mußte mich schon deshalb so verhalten, weil eine allgemeine Theorie der Theorie für mich eine zu schwierige Aufgabe war, doppelt schwierig auf einem Gebiet, in welchem ein Minimum von zweifellosen, allgemeinen, unabhängigen Prinzipien, aus welchen man alles deduzieren kann, nicht gegeben, sondern erst zu suchen ist. Eher möchte ein

solches Unternehmen Aussicht auf Erfolg bieten, wenn man von der Mathematik ausgeht. So richtete ich also meine Aufmerksamkeit auf Einzelerscheinungen: Anpassung der Gedanken aneinander, Denkökonomie, Vergleichung, Gedankenexperiment, Beständigkeit und Kontinuität des Denkens usw. Hierbei war es mir förderlich und ernüchternd zugleich, das vulgäre Denken und auch die ganze Wissenschaft als eine biologische, organische Erscheinung zu betrachten, wobei denn auch das logische Denken als ein idealer Grenzfall angesehen wurde. Daß man an beiden Enden anfangen kann zu untersuchen, will ich keinen Augenblick bezweifeln. Ich selbst bezeichnete meine Versuche als erkenntnispsychologische Skizzen[1]. Schon hieraus kann man sehen, daß ich zwischen psychologischen und logischen Fragen wohl zu unterscheiden weiß, wie ich dies übrigens jedem zutraue, der das Bedürfnis fühlt, logische Prozesse auch psychologisch zu beleuchten. Schwerlich wird mir aber derjenige vorwerfen dürfen, daß ich den Unterschied zwischen natürlichem, blindem und logischem Denken nivellieren will, der sich einmal genau auch nur die logische Analyse der Newton'schen Aufstellungen in meiner Mechanik angesehen hat. Wenn auch die logische Analyse aller Wissenschaften schon vollständig fertig vor uns läge, so bliebe die biologisch-psychologische Untersuchung ihres Werdens für mich noch immer ein Bedürfnis, was nicht ausschließen würde, daß man diese letztere Untersuchung wieder logisch analysiert. Wenn man die Denkökonomie auch als bloßes teleologisches, also provisorisches Leitmotiv auffaßt, so ist hiermit die Zurückführung desselben auf tiefere Grundlagen[2] nicht nur nicht ausgeschlossen worden, sondern sogar gefordert. Die Denkökonomie ist aber auch, abgesehen hiervon, ein sehr klares logisches Ideal, welches selbst nach vollendeter logischer Analyse noch seinen Wert behält. Aus denselben Prinzipien kann das System einer Wissenschaft noch in verschiedener Weise deduziert werden. Aber eine von diesen Ableitungen entspricht dem Prinzip der Ökonomie besser als die anderen, wie ich dies an dem Beispiel der Gauß'schen Dioptrik erläutert habe[3]. Soviel ich also jetzt sehen kann, glaube ich nicht, daß durch die Untersuchungen von Husserl die Ergebnisse der meinigen hinfällig werden. Übrigens muß ich seine weitere Publikation abwarten, für welche ich ihm aufrichtig den besten Erfolg wünsche.

---

[1] Prinzipien der Wärmelehre, Vorwort zur 1. Auflage.
[2] Analyse der Empfindungen, 2. Auflage, S. 64, 65.
[3] Wärmelehre, S. 394.

Als ich fand, daß die Idee der Denkökonomie so oft vor und nach mir sich geltend gemacht hatte, mußte dies wohl meine Selbstschätzung vermindern, der Gedanke selbst schien mir aber hierdurch an Wert nur zu gewinnen. Und gerade das, was Husserl als eine Erniedrigung des wissenschaftlichen Denkens empfindet, die Anknüpfung an das vulgare („blinde?") Denken, erscheint mir als eine Erhebung. Aus einer bloßen Gelehrtenstuben-Angelegenheit wird eine solche, die tief in dem Leben der Menschheit wurzelt und mächtig wieder auf dieses zurückwirkt.

In der nachgelassenen Korrespondenz Ernst Machs im Freiburger Ernst-Mach-Institut finden wir folgenden Brief Husserls an Mach:

Halle, 18. 6. 1901

Hochverehrter Herr Professor!

Nehmen Sie meinen herzlichsten Dank entgegen für die heutige Übermittlung Ihrer Neubearbeitung der „Mechanik", zumal aber auch dafür, daß sie meine logischen Untersuchungen eingehender Rücksichtnahme gewürdigt haben. Ich kann mich der Überzeugung nicht erwehren, daß die zwischen uns schwebenden Differenzen im Grunde doch nicht so tief gehen, als es zunächst erschien. Nichts liegt mir ferner, als die Meinung, daß Ihre für die Methodologie der erfahrungswissenschaftlichen Forschung so überaus fruchtbaren Untersuchungen durch meine auf die Klärung der „reinen" Logik abzielenden Bemühungen irgendwie „hinfällig" gemacht werden sollten und es ja könnten.

Das Recht der genetisch-psychologischen und biologischen Betrachtung der Wissenschaften will ich in keiner Weise in Frage stellen: wogegen ich mich wehre, ist die Unterordnung der erkenntniskritischen Aufklärung und rein logischen in der Wissenschaft unter die Gesichtspunkte der psychologischen Genesis und der biologischen Anpassung. Ich kämpfe gegen den skeptischen „Psychologismus" unserer Zeit, der, wie dies schon Mill tut, hier, wie überhaupt, die prinzipielle Grenze zwischen den relations of ideas und den matters of fact verwischt. Sätze, die zur Form des Denkens gehören, zum idealen Sinn des Denkens als eines solchen (z. B. zum Sinn des Satzes überhaupt, des Schlusses überhaupt; zum Sinn des Ja und Nein, des Wann und Wo, des Ein, Einige, Alle, des Wieviel und bestimmten Soviel [Anzahl] ...) können nicht als Ausdrücke empirischer Allgemeinheiten gefaßt werden; sie gehören nicht zur zufälligen Ausstattung und Entwicklung des menschlichen Denkens überhaupt; sie können daher nicht durch genetische Psychologie (des Vorstellens; Urteilens; Erkennens) und auch nicht durch Denkökonomie aufgeklärt werden. — Mein Kapitel über Denkökonomie richtet sich vorzugsweise gegen die Schule von Avenarius und ganz speziell gegen Cornelius; gegen seine Analyse der logischen Grundideen und Grundsätze, gegen seine Unterscheidung zwischen natürlichen und logischen Theorien usw. Auf ihn hatte ich den Vorwurf gemünzt, daß die denkökonomische Aufklärung des rein Logischen den Unterschied zwischen blindem und logischem Denken „nivellieren" möchte. Daß er sich in seinen leitenden Gesichtspunkten auf Sie, hochverehrter Herr, glaubte berufen zu dürfen, und, wie mir damals schien, nicht ganz ohne Unrecht, veranlaßte mich, in die Kritik auch Ihren Namen einzubeziehen. — Da ich hier einen wissenschaftlichen Standpunkt vertrete, darf ich mir wohl — in aller Bescheidenheit — ein offenes Wort gestatten:

Die Ausschließlichkeit, mit der Sie Ihr Interesse der Wissenschaft als einer biologischen, erkenntnispsychologischen und denkökonomischen Erscheinung zuwendeten, war sicherlich für die Aufhellung der Wissenschaft als einer erkenntnispraktischen Funktion, also für die Wissenschaftslehre im Sinne der Methodologie, außerordentlich fruchtbar. Wie alle Welt, so habe auch ich aus Ihren Werken reiche Anregungen geschöpft, ich habe sie nie zur Hand nehmen können, ohne durch die wundervollen historisch-methodologischen Analysen, mit denen Sie uns beschenkt haben, belehrt und durch die Originalität und Frische Ihrer Darlegungen innerlich erquickt zu sein. Indem ich allzeit auf das Neue und fruchtbare Ihrer Analysen hinblickte, nahm ich daran kaum je Anstoß, daß Ihre Betrachtungsweise eben eine einseitige war, welche dem idealen, rein-logischen Gehalt der Wissenschaft nicht gerecht würde, eine so sehr einseitige, daß es scheinen konnte, als ob der genetische und denkökonomische Gesichtspunkt zur erkenntniskritischen Aufklärung hinreiche.

Jedenfalls haben nun einige jüngere Philosophen, und zumals Cornelius, Ihre Position so verstanden, sie haben in den Vordergrund gestellt und näher zu begründen versucht, was ich nicht anders denn als eine *Grenzüberschreitung* einer im ursprünglichen Kreise bedeutsamen, aber nur in ihm möglichen Betrachtungsweise taxieren konnte. In *dieser* schien mir, bei der täglich wachsenden Wirkung Ihrer Schriften, eine Gefahr zu liegen, der ich durch meine Kritik zu begegnen versuchte.

Im übrigen ist auch meine Betrachtungsweise, wie selbstverständlich, eine einseitige, aber wie ich glauben möchte, eine ebenfalls *berechtigt* einseitige. Ich empfinde die Unvollkommenheit meiner Untersuchungen zu sehr, als daß ich geneigt sein könnte, ihnen einen übergroßen Wert beizumessen. (*Ernste* Beschäftigung mit großen Fragen läßt an sich Unbescheidenheit nicht aufkommen.) Doch hege ich die Überzeugung, ein Problemgebiet in Angriff genommen zu haben, das bisher nur zu wenig und, da es an Klarheit über seine Eigenberechtigung und seine natürlichen Grenzen gebrach, nicht mit hinreichendem Erfolg bearbeitet worden ist. An formalistischer Behandlung des Rein-logischen hat es nicht gefehlt; aber wohl an einer rein phänomenologischen Aufklärung derselben.

Das Ziel einer streng deskriptiven, von allen metaphysischen und spezialwissenschaftlichen Voraussetzungen freien Aufweisung des Ursprunges der logischen Ideen, ist noch lange nicht erreicht; ja, das Wesen dieses Zieles nicht hinreichend geklärt, und letzteres in seiner Bedeutung daher nicht anerkannt. In diesen Beziehungen habe ich in der Literatur so wenig an wirklicher Aufklärung gewinnen können, daß ich, um dem intensivsten „intellektuellen Unbehagen" zu entgehen, neu anfangen und in mehrjähriger Arbeit mir die Wege erst suchen mußte; wobei ich freilich, bei der außerordentlichen Schwierigkeit wirklich strenger phänomenologischer Analyse der Denkerlebnisse über rohe und oft nur tappende Versuche nicht hinausgekommen bin. Daß es bei mir nicht auf eine bloße Restitution der dürftigen alten, formalen Logik abgesehen ist, zeigt die Reihe der Untersuchungen des II. Teiles. Andererseits greife ich doch auf Gesichtspunkte zurück, die zum einen Teil bei Leibniz, zum anderen bei Locke und Hume (wie auch vermengt mit anderen Gesichtspunkten) zu Tage getreten sind. . . .

Mit Rücksicht darauf, daß die rein-logische und praktisch-logische, daß die erkenntniskritische und methodologische Betrachtungsweise sich gar nicht stören, darf ich nun wohl sagen, daß zwischen unseren beiderseitigen Untersuchungen im Wesen gar kein Widerstreit besteht.

Zum Schluß füge ich meine herzlichsten Wünsche für die völlige Wiederherstellung Ihrer Gesundheit bei. Möge es Ihnen vergönnt sein, hochverehrter Herr Professor, Ihre großangelegten wissenschafts-theoretischen Untersuchungen über neue und immer neue Wissenschaftsgebiete zu verarbeiten und uns jene Fülle von Belehrungen zu schenken, durch die uns Ihre bisherigen Werke so viel wahre und reine Erkenntnisfreude gewährt haben.

Mit dem Ausdruck aufrichtiger Verehrung

Ihr ganz ergebener

E. Husserl

DIE ANALYSE DER EMPFINDUNGEN

„Die Analyse der Empfindungen und das Verhältnis des Physischen zum Psychischen" erscheint 1886. Diese Schrift soll als Aperçu wirken. Sie ist eine sinnvolle Reihe von Betrachtungen und sinnesphysiologischen Untersuchungen, die von Machs Gedanken ausgeht, daß die Gesamtwissenschaft überhaupt, und die Physik insbesondere, die nächsten großen Aufklärungen über ihre Grundlagen von der Biologie, und zwar von der Analyse der Sinnesempfindungen, zu erwarten habe.

Mach lehnt es ab, als Philosoph bezeichnet zu werden. In seiner Polemik gegen den Kantianer Hönigswald schreibt Mach: „Es gibt vor allem keine Mach'sche Philosophie, sondern höchstens eine naturwissenschaftliche Methodologie und Erkenntnispsychologie, und beide sind, wie alle naturwissenschaftlichen Theorien, vorläufige, unvollkommene Versuche. Für alle Philosophie, die man mit Hilfe fremder Zutaten aus dieser konstruieren kann, bin ich nicht verantwortlich..."

„Hönigswald verkennt gänzlich die vorsichtige Näherungsmethode des Naturforschers, wenn er aus den Äußerungen meiner Gesichtspunkte gleich ein abgeschlossenes philosophisches System herausliest... Noch einmal: Es gibt keine Mach'sche Philosophie."

Mach will, wie sein Ausdruck lautet, als ein unbefangener Spaziergänger auf dem Gebiete der verschiedenen Wissenschaften und der Philosophie betrachtet werden, der eben gelegentlich seine weltanschaulichen Ansichten mitteilt.

Und das tut er unbedenklich. Bemerkungen wie über das „Ich", über Unsterblichkeit, die wir in der Analyse der Empfindungen finden, wird man vergebens bei Denkern seiner Richtung und seiner Zeit, wie Pearson, Stallo oder Petzold, suchen, geschweige denn bei dem uns zeitgenössischen logischen Positivismus. Die Unbefangenheit ist das bisher wenig Hervorgehobene an Mach. Mögen das strenge Positivisten als eine Schwäche ansehen, so ist es wenigstens eine liebenswürdige Schwäche. Möge seine Lehre von den Empfindungselementen als widerspruchsvoll, veraltet oder als verhüllter subjektiver Idealismus Berkeley'scher Prägung angesehen werden, immer wird die unabhängig, ehrlich forschende Persönlichkeit hervorleuchten aus der Masse der in vorgefaßten Meinungen denkenden Menschheit. Einstein sagte von Mach: „Ich sehe Machs wahre Größe in seiner unbestechlichen Skepsis und Unabhängigkeit." Nicht die eine oder die andere Lehrmeinung Machs ist das, was seine Bedeutung ausmacht. Wie Mach selber schreibt: „Theorien sind wie grüne Blätter, welche abfallen, wenn sie den Organismus der Wissenschaft eine Zeit in Atem gehalten haben."

Wie sein Freund Popper-Lynkeus wurzelt er in der Gedankenwelt der Aufklärung des 18ten Jahrhunderts, glaubt er an das Reifwerden der Menschheit, ist gegen alle Bevormundung, die sie aus verschiedensten Interessen genossen hat und genießt: weltanschaulich in wissenschaftlichen Fragen und auch in Fragen des Lebens und der Politik.

Die Darstellung fließt oft fast in leichtem Gesprächston dahin und der Gegenstand wird durch persönliche Erlebnisse und Beobachtungen des Alltags, seiner Kinder, von Tieren usw. belebt (z. B. wird eine in der Mach'schen Familie bekannte Methode beschrieben, ein aus dem Nest gefallenes Spatzenjunges zu füttern). So vermittelt die Lektüre Machs ein ganz persönliches Bild des Verfassers, und man schlägt das Buch zu mit dem gleichen Gefühl, wie wenn man dem fesselnden Vortrag einer bedeutenden, interessanten Persönlichkeit gefolgt wäre.

Das ist der bleibende Reiz des Werkes Machs. Der bleibende Wert ist die beispielhaft vorsichtige Haltung des denkenden Naturforschers, der keine Erkenntnis, auch die eigene nicht, als eine endgültige betrachtet, sich dem Denken der Vergangenheit verwurzelt fühlt und damit auf die Zukunft mit besserer Erkenntnis verweist.

„Ein ins Wasser getauchter Stab *erscheint* uns geknickt" — Mach sagt: „Optisch *ist* er geknickt, haptisch und metrisch dagegen gerade".

Das unmittelbar Gegebene sind unsere Sinnesempfindungen: Töne, Farben, Drucke, Wärme, Düfte, Räume, Zeiten. Ihre Verbindung ist eine funktionelle. Erleben wir eine bestimmte Raumempfindung, eine Form mit einer Farbe und noch weitere Sinnesempfindungen in ständiger Verbindung, so bezeichnen wir es als ein Ding. Betrachten wir die Beziehung zum menschlichen Organismus, der auch nur ein Empfindungskomplex ist, so treiben wir entweder Sinnesphysiologie oder Psychologie.

Von den Metaphysikern wird der Komplex, den wir Außenwelt nennen, als selbständig betrachtet. Das ist irrig und führt zu dem Scheinproblem von der Realität oder Irrealität der Außenwelt.

Die Elemente der Empfindungen, die er in der sogenannten Außenwelt $ABC\ldots$ als Körpererregung $KLM\ldots$ und als Wahrnehmung $\alpha\,\beta\,\gamma\ldots$ bezeichnet, bilden eine Einheit.

$$
\begin{array}{c}
\text{Element} \\
\text{Komplex} \begin{array}{l} A\ldots K\ldots\alpha \\ B\ldots L\ldots\beta \\ C\ldots M\ldots\gamma \\ \cdot\cdot\cdot \\ \cdot\cdot\cdot \end{array}
\end{array}
$$

Funktionelle Beziehungen $A.B.C.$ machen die Physik aus, funktionelle Beziehungen $A.K., C.M.$ die Sinnesphysiologie und funktionelle Beziehungen $A\,\alpha$, $B\,\beta$ und $C\,\gamma$ die Psychologie.

Es sei betont, was schon oben gesagt ist, daß die Elemente $AK\alpha\ldots BL\beta\ldots CM\gamma\ldots$ *Einheiten* bilden und Physik, Sinnesphysiologie und Psychologie nur verschiedene Betrachtungsweisen denk-ökonomischer Art desselben Gegenstandes sind.

Mach betont, daß der naive Realismus in seiner Auffassung seine völlige denk-ökonomische Berechtigung hat, da er uns außerhalb der Wissenschaft in der Welt richtig orientiert.

Das Ich ist nichts weiter als ein Komplex von Empfindungen, dessen Glieder erstens ein menschlicher Körper und zweitens an ihn gebundene Erinnerungen, Stimmungen, Gefühle sind.

„Nicht das Ich ist das Primäre, sondern die Elemente."

Die Ähnlichkeit mit der Hume'schen Auffassung vom Ich als ein Bündel von Empfindungen drängt sich einem auf.

In seinen „Leitgedanken" schreibt Mach: „Direkt bin ich von Hume, dessen Arbeiten ich gar nicht kannte, nicht beeinflußt worden, dagegen kann dessen jüngerer Zeitgenosse Lichtenberg auf mich gewirkt haben. Wenigstens erinnere ich mich des starken Eindruckes, den sein ‚Es denkt' auf mich machte."

Wir finden in der „Analyse der Empfindungen" die Stelle von Lichtenberg zitiert: „Wir werden uns gewisser Vorstellungen bewußt, die nicht von uns abhängen, andere, so glauben wir wenigstens, hingen von uns ab; wo ist die Grenze? Wir kennen nur allein die Existenz der Empfindungen, Vorstellungen und Gedanken. *Es* denkt, sollte man sagen, so wie man sagt *es* blitzt. Zu sagen *cogito* ist schon zu viel, sobald man es durch *ich* denke übersetzt. Das Ich anzunehmen, zu postulieren, ist *praktisches* Bedürfnis." Weiter schreibt Mach: „Humes ‚Untersuchung über den menschlichen Verstand' lernte ich in der Kirchmann'schen Übersetzung erst Ende der achtziger-Jahre kennen."

Mach schreibt weiter in der „Analyse der Empfindungen": „Die dauernde Identität des Ichs ist eine scheinbare. Nur ein Teil des ganzen Empfindungskomplexes bleibt bestehen.

Auch die sogenannten inneren Vorgänge und Gefühle sind nichts als Empfindungen. Der Unterschied beschränkt sich im wesentlichen auf Unterschiede der Deutlichkeit. Auch Lust und Unlust sind Sinnesempfindungen, nur nicht so gut analysierte.

Die Kontinuität ist aber nur ein Mittel, den Inhalt des Ichs vorzubereiten und zu sichern. Dieser Inhalt und nicht das Ich ist die Hauptsache. Dieser ist aber nicht auf das Individuum beschränkt. Bis auf geringfügige, wertlose, persönliche Erinnerungen bleibt er auch nach dem Tode des Individuums im anderen erhalten.

Die Bewußtseinselemente *eines* Individuums hängen untereinander stark, mit denen eines anderen Individuums aber schwach und nur gelegentlich merklich zusammen. Daher meint jeder nur von sich zu wissen, indem er sich für eine untrennbare, von anderen unabhängige Einheit hält. Bewußtseinsinhalte von allgemeiner Bedeutung durchbrechen aber diese Schranken des Individuums und führen — natürlich wieder an Individuen gebunden — unabhängig von der Person, durch die sie sich entwickelt haben, ein allgemeineres, unpersönliches, überpersönliches Leben fort. Hierzu beizutragen, gehört zu dem größten Glück des Künstlers, Forschers, Erfinders, Sozialreformers usw.

Das Ich ist unrettbar. Teils ist es diese Einsicht, teils die Furcht vor derselben, die zu den absonderlichsten pessimistischen und optimistischen, religiösen, asketischen und philosophischen Verkehrtheiten führen. Der einfachen Wahrheit, welche sich aus der psychologischen Analyse ergibt, wird man sich auf die Dauer nicht verschließen können. Man wird dann auf das Ich, welches schon während des individuellen Lebens vielfach variiert, ja im Schlaf und bei Versunkenheit in eine Anschauung, in einen Gedanken, gerade in den glücklichsten Augenblicken, teilweise oder ganz fehlen kann, nicht mehr den hohen Wert legen. Man wird dann auf *individuelle* Unsterblichkeit gern verzichten und auf das Nebensächliche nicht mehr Wert legen, als auf die Hauptsache. Man wird hierdurch zu einer freieren und verklärten Lebensauffassung gelangen, welche Mißachtung des fremden Ichs und Überschätzung des eigenen ausschließt. Das ethische Ideal, welche sich auf dieselbe gründet, wird gleich entfernt sein von jenem des Asketen, welches für diesen biologisch nicht haltbar ist und für diesen mit seinem Untergang erlischt, wie von jenem des Nietze'schen frechen Übermenschen, welches die Mitmenschen nicht dulden können und hoffentlich nicht dulden werden[1]."

„Das Ich ist so wenig absolut beständig wie der Körper. Was wir am Tode so sehr fürchten, nämlich die Vernichtung der Beständigkeit, das tritt im Leben schon in reichlichem Maße ein. Was uns das Wertvollste ist, bleibt uns in unzähligen Exemplaren erhalten, oder erhält sich bei hervorragender Besonderheit in der Regel von selbst. Im besten Menschen liegen aber individuelle Züge, um die er und andere nicht zu trauern brauchen. Ja, zeitweilig kann der Tod als Befreiung von der Individualität sogar ein angenehmer Gedanke sein. Das physiologische Sterben wird durch solche Überlegungen natürlich nicht erleichtert."

Daß diese Gedanken der buddhistischen Lehre nahestehen, hat Mach selbst erkannt und an anderer Stelle ausgesprochen. Sein Freund Carus machte Mach auf diesen Berührungspunkt aufmerksam.

KLEINPETER AN MACH ÜBER NIETZSCHE

Kleinpeter berichtet am 25. November 1911, er habe Nietzsche gelesen, von dem er bisher keine Zeile kannte. Er findet bei ihm Stellen, die Ähnlichkeiten mit Machs Ansichten haben. Er zitiert:

„Band 11, S. 166: Denn es gibt nur individuelle Wahrheiten — eine absolute Relation gibt es nicht.

S. 269: Dichter und Metaphysiker sind insofern immer wünschenswert, sie suchen nach der *möglichen* Welt und finden hie und da etwas Brauchbares. Es sind Versuchsstationen, allenfalls blinde Tiere, die fortwährend um sich greifen und etwas zu essen suchen, entdecken Nahrungsmittel ...

---

[1] Diese abfällige Bemerkung über Nietzsche scheint Mach später, ohne es ausdrücklich zu äußern, unter dem Einfluß Kleinpeters geändert zu haben, wie aus den Briefen Kleinpeters an Mach zu entnehmen ist, die sich im Ernst-Mach-Institut, Freiburg i. Br., befinden.

Mach hat vermutlich erst durch die Anregung Kleinpeters Nietzsche gelesen, wie aus den folgenden Briefstellen hervorgeht.

Band 10, S. 190: Wir kennen nur *eine* Realität. Wie? Wenn das das Wesen der Dinge wäre. Wenn Gedächtnis und Auffindung das Material der Dinge wäre?

S. 189: Alles Erkennen ist ein Messen an einem Maßstabe. Absolute und unbedingte Erkenntnis ist Erkenntniswollen ohne Erkenntnis ... Wir können vom Ding an sich nichts aussagen, weil wir den Standpunkt des Erkennenden, d. h. des Messenden, uns unter den Füßen weggezogen haben.

S. 199: ... Zuletzt langt man bei der Empfindung an ...

S. 277: Unser Denken ist wirklich nichts als ein sehr verfeinertes, zusammenverflochtenes Spiel des Sehens, Hörens, Fühlens, die logischen Formen sind die physiologischen Gesetze der Sinneswahrnehmung."

Solche aphoristische Aussprüche finden sich in Menge.

„Ich kenne Nietzsche sonst gar nicht, und auch nicht die Nietzsche-Literatur.

Es scheint, als ob Nietzsche eine Vorahnung der relativistischen Auffassung der Logik gehabt hatte.

Ich glaube, daß Vaihinger auf diesen Standpunkt hinweist."

Aus der Antwort ist zu ersehen, daß Mach zugibt, daß er Nietzsche unrecht getan hatte. So schreibt Kleinpeter am 22. Dezember 1911:

„Mir ging es mit Nietzsche nicht anders. Ich kannte bis vor kurzem keine Zeile von ihm.

Aber ich finde ihn viel besser als seinen Ruf. Er drückt sich sogar direkt bescheiden aus. Er spricht es zunächst als eine Vermutung aus, daß sich die Materie auf Empfindung und alles auf Empfindung und Vorstellung müsse zurückführen lassen. Später werden die Ausdrücke entschiedener. Er bedauert den Tiefstand menschlicher Kultur, weil nur die Gebildeten einsehen, daß es keine Sachen gibt. In seinem letzten Werk ‚Wille zur Macht', S. 341, Band 15: ‚Aber die Gattung ist etwas ebenso illusorisches wie das Ego: Man hat eine falsche Distinktion gemacht. Das Ego ist hundertmal mehr, als bloß eine Einheit in der Kette von Gliedern. Es ist die Kette selbst, ganz und gar; und die Gattung ist bloß eine Abstraktion aus der Vielheit dieser Ketten und deren partiellen Ähnlichkeit.

Daraus scheint mir hervorzugehen, daß er über das Ich ebenso gedacht hat. Jedenfalls tritt er ganz deutlich für die Auffassung des Substanzbegriffes als Gedankensymbol auf. Gegen eine ‚Welt an sich' hinter den Erscheinungen spricht er sich wiederholt aus.

Daher die scharfe Abweisung von Plato und Hegel ... Er ist vielleicht der radikalste Vertreter des Relativismus in der Erkenntnistheorie.

Der Pragmatismus ist schon ganz bei Nietzsche enthalten. Die Wahrheit der Kategorien der Logik erblickt er in ihrer Nützlichkeit zur Förderung unserer Einsicht und unseres Handelns, in letzter Hinsicht zur Förderung des Organismus.

Der oberste Gesichtspunkt ist ihm, daß jeder Organismus nicht nur ein Streben nach Selbsterhaltung, sondern auch nach Erweiterung des Machtbereiches hat. Über Kausalität denkt er wie wir. Den Philosophen wirft er vor, daß sie eine Welt des Werdens erklären wollen durch eine Welt des Seins. Eine ruhende Ursache, eine Qualität der Ursache von Veränderungen, ist ihm ein logischer Unsinn. Den ganzen Weltenmechanismus denkt er sich durch den Kampf um ihre Macht ringende Individuen erklärt. Das ist sozusagen seine Metaphysik."

Engelmeyers Kritik der Mach'schen Erkenntnislehre

In der Korrespondenz Ernst Mach's, die sich im Freiburger Mach-Institut befindet, gibt es 35 Briefe aus dem Zeitraum von 1894 bis 1912 von einem Schüler Mach's, Peter Klementitsch von Engelmeyer.

Er lebt 1894 in Ričan, ein weiterer Vorort von Prag, hält sich zeitweise in Paris auf, von wo er zum Amüsement Machs einen Artikel von Emile Gautier aus dem „Figaro" einschickt: „Un habile practicien, Monsieur Mach inventa et construisit une espèce de laterne magique — batisée du nom barbare de stroboscope ..." Man könne mit dieser Laterna magica auch das Pflanzenwachstum beobachten.

Er ist im Begriffe, ein Buch „Technik der Erfindungen" zu schreiben, das er Mach widmen will.

1896 schreibt er, daß er keine Zeit zu wissenschaftlicher Arbeit habe. Er hat geheiratet, seine Frau ist Sängerin am Tschechischen Nationaltheater, er ist überhäuft mit den Geschäften eines Impresario. Er sucht für sie ausländische Engagements, klagt über böse Konkurrentinnen, lebt ganz in der Atmosphäre des Theaters.

1897 kommt ein Brief aus Moskau, seine Frau scheint die Künstlerkarriere aufgegeben zu haben. Er legt Mach ein Referat vor über Machs Erkenntnislehre und hofft, er habe keine groben Fehler gemacht. Das Referat wird vor der russischen philosophischen Gesellschaft in Moskau gehalten, einer der ersten dieser Art in Rußland, wo den Lehren Machs noch eine größere Rolle zu spielen bestimmt ist. Die Gedanken sind noch zu neu, dem Referat folgt keine Diskussion.

Engelmeyer ist geschäftlich in Moskau tätig, wo er eine Maschinenfabrik gründet.

Er gab damals in Russisch ein Buch über Erfindungen heraus.

Er berichtet über seine Gespräche mit Tolstoi, über seine Philosophie der Technik. „Was kann sie sagen?", fragt Tolstoi, „sie hätte nur eines aufgeklärt: was wäre die Rolle der Technik, wenn das Leben der Menschheit ethisch wäre." Pierre Klementitsch meint, das solle heißen: „Wenn die Menschheit von den meisten, wenn nicht allen Bedürfnissen Abstand nehmen möchte." Ich antwortete, schreibt er: „Das ist leicht gesagt, in jenem Falle wäre überhaupt keine Technik." Und er schreibt weiter: „Indem er aber im Sinne des Asketismus weiter redete, fühlte ich in mir sich eine Feindschaft gegen ihn regen und ich entfernte mich bald."

Dann, in seinem nächsten Brief, schreibt er weiter über Tolstoi: „Ja, wenn ich mit ihm wieder zusammenkomme, wird sicherlich über die Philosophie der Technik die Rede sein, jedoch werde ich dieses entrevue nicht besonders anstreben, weil ich dieses feindliche Gefühl gegen ihn nicht wieder empfinden möchte. Er hat kürzlich eine Schrift über das Falsche im Patriotismus herausgegeben — wunderschön —, die Schrift ist in Rußland verboten."

Er bittet Mach inständig, Popper zu veranlassen, eine Schrift über Technik zu verfassen. In echt russischer Weise meint er, es sei seine Pflicht, das darüber zu sagen, was er zu sagen hätte.

Er berichtet über neue Anhänger Machs in Rußland, so über Filipow. Unow pflege Machs Schlierenarbeiten und demonstriere Ludwigs Geschoßaufnahmen.

In den letzten Briefen aus dem Jahre 1912 berichtet er, daß der Philosophische Verein in Moskau eine komische Richtung eingeschlagen habe. Er sei orthodox-positivistisch und dulde keine Denkfreiheit. Das widerspreche doch dem Geist einer jeden positiven Wissenschaft.

Im allerletzten Brief kündigt er Mach noch die Herausgabe eines Automobilhandbuches an. Berichte über seine Frau und seine Kinder sind in allen Briefen eingestreut.

Dieses kurze Exzerpt seiner Briefe sollen Pierre Klementitsch de Engelmeyer, wie er sich auf seinen Briefbogen nennt, vorgestellt haben.

Jetzt die ausführliche, wie er schreibt, halb ernste, halb scherzhafte Kritik der Mach'schen Erkenntnislehre aus drei Briefen des Jahres 1895.

Er schreibt von Mach in der dritten Person, die Kritik bezieht sich auf die „Analyse der Empfindungen", die Angabe der Seitenzahl auf die zweite Auflage.

„Da sagt er, er habe einen neuen Standpunkt gefunden (p. 21), der drei Vorteile gewährt: 1. Er ist monistisch, 2. rein kritisch, 3. am meisten ökonomisch und besteht aus folgendem: Alle Forschung hat als Objekt Sinnesempfindungen. Der Monismus besteht in der Annahme, daß nur diese Empfindungen existieren, sonst aber gar nichts. Zum übrigen will Mach rein kritisch bleiben, d. h. nicht mehr als existierend annehmen: Die Empfindungen sind Weltelemente.

Nun widerspricht sich Mach in allen drei Punkten. A. Indem er von der Anpassung der ‚Gedanken an ein Erfahrungsgebiet' redet, gibt er also zu, daß außer dem Erfahrungsgebiet noch ein Gedankengebiet existiert, und fällt in den Dualismus zurück: Empfindung und Gedanken (mögen die letzteren auch aus den ersteren entstanden sein). B. Rein kritisch bleibt er nicht, er macht die unbeweisbare Behauptung, daß die beständige Verknüpfung der Empfindungen, die mit ‚Körper', ‚Ich', und dergl. etikettiert werden, keine Ursache ihres Wiederkehrens immer in derselben Reihenfolge haben dürfen, daß es sogar ungeheuerlich ist (P. 5), sich zu fragen, ob denn diese wiederkehrenden Ketten nicht von etwas Einheitlichem herrühren. C. Davon, daß diese Ansicht ökonomisch ist, sehen wir nur die Behauptung, sonst aber keinen Gebrauch davon. Denn überall drückt sich Mach in der üblichen Weise aus: z. B. Spitze, Kugel. Er sagt also: mit meinen Kategorien ist ökonomisch zu operieren; operiert aber faktisch mit anderen. Es käme ein Baumeister und sage: Aus Steinen zu bauen ist unökonomisch, da zerreibe er die Steine zu Staub und fange an zu bauen, und siehe da: der erste Schritt ist, sich aus dem Staub Steine zusammenzuleimen."

Ferner lesen wir: „Wenn *Ich* aufhöre, grün zu empfinden, wenn ‚Ich' sterbe, so kommen die Elemente nicht mehr in der gewohnten, geläufigen Gesellschaft vor. Damit ist alles gesagt. Nur eine ideelle, ökonomische Einheit hat aufgehört, zu bestehen."

Da Mach durchweg in den allgemeinen üblichen denk-ökonomischen Kategorien redet, so dürfen wir es auch. Im obigen Satze sehen wir die Behauptungen, 1. daß Sinnesempfindungen nach dem

Tode des Ich fortbestehen, nur in anderer Kombination, und 2. daß der Tod eines Ich irgend eine reelle Veränderung herbeiführt. Wenn aber die Empfindungen wirklich das einzige Reelle sind, so widersprechen sich schon diese zwei Behauptungen, denn die erste sagt: Eine Veränderung tritt ein, nämlich die Elemente kombinieren sich anders als vorher. Jedoch ist man berechtigt, zu fragen: Was war früher, was jetzt nicht ist, warum die Elemente sich jetzt anders kombinieren als früher? Angenommen, das Ich benennt denk-ökonomisch eine sich kontinuierlich verändernde Kombination der Elemente. Auf einmal wird die Kontinuität durchbrochen, die Geschwindigkeit dieser allmählichen Veränderung wird unendlich. Dieser Umstand berechtigt die Frage und macht es schwer faßbar, daß nur eine denk-ökonomische Einheit, und keine reelle, diesen reellen Durchbruch hervorruft. Weiter: Nehmen wir Machs Ansicht an, daß nach dem Tode des Ich die Sinnesempfindungen bleiben. Wo? Es drängt sich natürlich die Frage auf, ohne das Ich anders denn als Gedankenkategorie aufzufassen, nämlich so wie ein guter Naturforscher von Wärme oder Magnetismus redet, ohne Imponderabilien darunter zu denken.

Und hier ist eine Fußnote zugefügt, und zwar bei Naturforscher. „Dieser ist nach Mach also keine reelle Einheit, sondern nur eine denk-ökonomische. Allerdings, in anderer Deutung stimmt diese Auffassung mit der des großen Publikums, dessen Denken dadurch ökonomisiert wird, überein, nämlich, daß die Gelehrten für dasselbe denken. Damit hält sich das Publikum frei von der Denkpflicht und bürdet sie den Gelehrten auf, die es dafür bezahlt, wie einen Polizisten oder Nachtwächter für ihre nicht gerade angenehme Arbeit."

Nun weiter der Text: „Auf die Frage ‚wo' ist nur eine Antwort: in den anderen Ichs. Daraus folgt, daß jedes Element, z. B. rot, in allen Ichs sich überall gleich bleibt, denn sonst, wie dürften diese Elemente als Elemente gelten? Ja, wäre es dann so, dann wären die Ichs kein X mehr! Aber es ist doch anders bei Daltonisten. Die gewöhnliche Ansicht sagt: anders ist es wahrscheinlich. Was sagt Mach? Sagt er anders, so ist ‚rot' kein Element, sagt er ‚dasselbe', so ist es auch kein Element, denn es wäre verändert, und doch bliebe es sich gleich. Denn die denk-ökonomische Einheit, die ‚Daltonist' heißt, enthält die Veränderung ‚rot' als Merkmal. Auch darf man von keiner Abstufung von rot sprechen, auch von keinem allmählichen Übergang in gelb, denn ist der Übergang von Kalium in Natrium denkbar? Und doch bildet die Kombination, die kontinuierliches Spektrum genannt wird, ganz offenbar den allmählichen Übergang von Farbempfindungen, so daß nirgends die Grenzen gezogen werden können.

Engelmayer fügt noch folgende, halb scherzhaft, halb ernst gemeinte Bemerkung hinzu: „Für Mach existiert kein Unterschied zwischen ‚scheint‘ und ‚ist‘. Er sagt ja, daß die Sinne weder falsch noch richtig zeigen."

„Die Kugel wird gelb vor der Natriumlampe, nehmen wir Santonin ein, so wird die Kugel auch gelb." Nun ist aber Mach nicht der erste, um keinen Unterschied zwischen ‚scheint‘ und ‚ist‘ zu machen. Als Antezedenten hierin hat er schon den Chinesenkönig, dessen Name mir entfallen ist, dessen weise Regierung vom Historiker Heinrich Heine beschrieben wird. Dieser Musterkönig hatte nämlich die Beobachtung gemacht, daß, wenn er (nicht Santonin), sondern Wein eingenommen, alles um ihn herum (nicht gelb), sondern glücklich wurde. Da er aber gut bis zur Selbstaufopferung war, so trank er ununterbrochen, um sein Volk glücklich zu machen."

Nun scheint Mach diese scharfe und fast bissige Kritik gar nicht übel genommen zu haben. Die Antworten von Mach scheinen fast postwendend erfolgt zu sein, da die Briefe alle von Oktober bis November 1895 datiert sind.

Im nächsten Brief steht: „Aber ich will nicht, daß Sie sich darin irren, was in meinen drei letzten Briefen Ernst, und was Scherz ist, ob ich die Grenzen vielleicht nicht ganz klar gezogen habe. Ernst scheint mir nur, daß, wenn man die Empfindungen als Elemente anschaut, so steht man sofort vor der Frage: 1. Was ist die Zahl und Art dieser Elemente, die eben nicht mehr ineinander laufen, wie z. B. sämtliche Farben in einem kontinuierlichen Spektrum. 2. *Wo* diese Elemente existieren? Denn irgendwo sollen sie sein, um Elemente zu sein.

Wenn man sagt, eine gewisse Kombination dieser Elemente gibt das, was denk-ökonomisch ‚Ich‘ genannt wird, so existieren sie doch außerhalb des Ichs. Was heißt aber die selbständige Existenz der Empfindungen, und wie ist sie zu denken?

Alles übrige ist Scherz und den habe ich mir erlaubt, um zu zeigen, was man aus einer zu knapp geschriebenen Abhandlung herauskritteln kann, sich an den Buchstaben haltend, also nur eine Illustration zu unseren Unterhaltungen."

Damit bricht die Polemik ab, die Briefe befassen sich mit anderen Gegenständen.

Petzoldts Kritik der „Analyse der Empfindungen"

Dieselben Bedenken bewegen Josef Petzoldt 1905, also zehn Jahre später. In einem Briefe vom 25. Januar 1905 schreibt Petzoldt: „Nun ist der Brief schon so lang geworden, daß ich gar nicht noch wagen sollte, Ihnen mit noch weiteren zu kommen. Aber folgende Sache hat für mich doch großes Interesse und ich bitte Sie, mir auch nur ganz gelegentlich und ganz kurz zu antworten. Die Antwort läßt sich schließlich einfach mit ja oder nein geben.

Professor Schuppe sandte mir im Sommer seine gegen Ziehen gerichtete Abhandlung ‚Meine Erkenntnistheorie und das bestrittene Ich'. Darauf machte ich ihm einige Einwände gegen seine Ichposition. Er erfreute und überraschte mich im Oktober mit einem höchst ausführlichen Gegenschreiben, und ich habe ihm Weihnachten darauf eingehend erwidert. Dabei ist mir erst zum vollen Bewußtsein gekommen, daß Schuppe und Avenarius die Weltanschauung des gemeinen Mannes in einem wichtigen Punkte nicht einnehmen, und es ist mir zweifelhaft geblieben, wie Ihre Stellung dazu ist. Ich würde Ihnen sehr dankbar sein, wenn Sie mich gelegentlich kurz darüber aufklären würden. Es handelt sich um die Art der Existenz der *Empfindungskomplexe, wenn sie nicht wahrgenommen werden.* (Offensichtlich von Mach mit Bleistift unterstrichen.)

Bis zur letzten oder vorletzten Auflage der Analyse der Empfindungen nahm ich an, daß Sie die Annahme des gemeinen Mannes, dem die Welt, auch ohne daß er hinsieht, rot oder grün ist, als wissenschaftlich gerechtfertigt betrachteten. Ich berufe mich auf Anmerkung S. 21 in der 1. Auflage Ihrer Analyse der Empfindungen, wie Ihnen die Welt samt Ihrem Ich als eine zusammenhängende Masse von Empfindungen erschienen sei, ‚nur im Ich stärker zusammenhängend'. Und weiter auf eine Äußerung, die Sie mir im Sommer 1903 an dem runden Tisch hinten in Ihrem Garten machten. Sie sprachen wohl davon, daß der und der (ich weiß nicht mehr wer) ganz vergäße, daß das Bewußtsein eine höchst komplizierte Erscheinung sei. Ich deutete das so, daß für Sie die Elementarkomplexe auch ohne Ich und ohne Bewußtsein existieren (natürlich nicht als transzendente Wesenheiten, daß sie in jedem Augenblick Glieder einer *Wahrnehmung werden könnten*) — (von Mach offensichtlich mit Bleistift unterstrichen), wenn ihnen eben ein geeigneter anderer Empfindungskomplex, ein Organismus, gegenüberträte. Ich teile ganz diese Anschauung und habe sie gegen Schuppe verteidigt. Nun haben Sie in der letzten oder vorletzten Auflage der Analyse der Empfindungen sich mit den Ausführungen von Cornelius einverstanden erklärt, der die Existenz der Dinge auf die Möglichkeit der Wahrnehmung bei *Erfüllung bestimmter Bedingungen* zurückführt. (Auch von Mach unterstrichen.)

Ganz ähnlich denken Schuppe und Avenarius. Ich habe mich im 2. Band meiner ‚Einführung' (305) voll auf den Standpunkt des gemeinen Mannes gestellt. Es bleibt kein anderer übrig, wenn man jene ‚bestimmten Bedingungen', bei deren Erfüllung die Wahrnehmungen eintreten, analysiert. Die Wahrnehmungen müssen bestimmt sein. Durch gleichzeitige, oder vorhergehende Bewußtseinsinhalte sind sie es nicht. Welcher Art sollen also jene Bedingungen sein, wenn man die Metaphysik der qualitätslosen, atomistischen Materie vermeiden will?"

Der nächste Brief Petzoldts, der eine Antwort auf eine Erwiderung Machs ist und kurz darauf erfolgte (der obige Brief hat das Datum 25. Januar 1905, und der folgende 5. Februar 1905), zeigt, daß Mach keine eindeutige Stellungnahme zu der Frage nahm und um nähere Aufklärung über den Standpunkt Schuppes und Avenarius bat.

So schreibt Petzoldt: „Zur Darlegung der Anschauungen von Avenarius und Schuppe über die Frage nach der Existenzart der nicht wahrgenommenen Dinge, habe ich noch nicht kommen können, da ich gegenwärtig und für mehrere Wochen mit Arbeit überlastet bin. Ich werde aber die Differenz ihres Standpunktes von dem Ihrigen, wie ich ihn (bis zu Ihrer Bemerkung über die Cornelius'sche Stellung) aufgefaßt habe und den ich im wesentlichen mit dem von Clifford und Verworn für identisch halte, darzustellen versuchen, so wie ich kann. Verworns Schrift ist mir wohlbekannt, und das, was er Seite 45 in der 18. Anmerkung sagt, unterschreibe ich gern. Nur billige ich den Begriff des ‚Psychomonismus' nicht."

DIE WÄRMELEHRE

1896 erschien das Werk „Die Prinzipien der Wärmelehre", wo in der gleichen historisch-kritischen Weise, wie in der „Mechanik", dieser Teil der Physik behandelt wird.

Auch dieses Werk ist im wesentlichen eine Ausführung der Grundgedanken, die 1871 knapp in der „Geschichte und Wurzel des Satzes von der Erhaltung der Arbeit" dargestellt sind.

Die historische Würdigung Joules, Mayers und Helmholtzs wird hier in ebenso unübertrefflicher Weise gegeben, wie in der „Mechanik" die Würdigung Galileis, Huygens und Newtons.

Auch so, wie in der „Mechanik", schließen sich der historischen Darstellung erkenntnispsychologische, wissenschaftsmethodische, philosophische Kapitel an. Neben dem bereits in der „Mechanik" ausgeführten Gedanken der Denkökonomie führt Mach seine denkpsychologische Auffassung der Sprache, des Begriffs und der Mathematik aus.

Seine Kapitel über den Substanzbegriff und „Kausalität und Erklärung" bestimmen seine philosophische Position. In einer Fußnote der „Wärmelehre" zeigt Mach, daß ihm die Existenz unbewußter, psychischer Vorgänge völlig einleuchtet.

Das schreibt Mach zu einer Zeit, als die Schulpsychiatrie die Arbeiten Breuers und Freuds noch völlig ignoriert. Mach waren die Arbeiten Breuers und Freuds wohl bekannt. Hier folge die Bemerkung in Gänze:

„Es spricht sich hierin die merkwürdige Tatsache aus, daß eine Vorstellung sozusagen *fortlebt* und *fortwirkt*, ohne daß sie im Bewußtsein ist. Es geschieht dies schon, wenn ein Wort, ohne daß die entsprechenden anschaulichen Vorstellungen uns klar vorschweben, doch richtig gebraucht wird. In dieser Beziehung dürften die vortrefflichen Beobachtungen von W. Robert über den Traum (Hamburg, Seippel, 1886) aufklärend wirken. Robert hat beobachtet, daß die bei Tage gestörten, unterbrochenen Assoziationsreihen bei Nacht sich als Träume fortspinnen. Ein brennendes Zündholz z. B., das zu löschen man durch einen Zwischenfall verhindert worden ist, kann Anlaß zum Traum von einer Feuersbrunst geben usw. Ich habe Roberts Beobachtungen in unzähligen Fällen an mir bestätigt gefunden und kann auch hinzufügen, daß man sich unangenehme Träume erspart, wenn man unangenehme Gedanken, die sich durch zufällige Anlässe ergeben, bei Tage vollkommen ausdenkt, sich darüber ausspricht, oder ausschreibt, welches Verfahren auch allen zu düsteren Gedanken neigenden Personen angelegentlich zu empfehlen ist. Den Robert'schen Erscheinungen verwandte kann man auch im wachen Zustande beobachten. Ich pflege mich zu waschen, wenn ich einen Händedruck von feuchter, schwitzender Hand erhalten habe. Werde ich durch einen zufälligen Umstand daran verhindert, so verbleibt mir ein unbehagliches Gefühl, dessen Grund ich zuweilen ganz vergesse, von dem ich aber erst befreit bin, wenn es mir einfällt, daß ich mich waschen wollte, und wenn dies geschehen ist. Es ist also wohl wahrscheinlich, daß einmal gesetzte Vorstellungen, auch wenn sie nicht mehr im Bewußtsein sind, ihr Leben fortsetzen. Dasselbe scheint dann besonders intensiv zu sein, wenn dieselben beim Eintritt ins Bewußtsein verhindert wurden, die assoziierten Vorstellungen, Bewegungen usw. auszulösen. Sie scheinen dann wie eine Art *Ladung* zu wirken. Sind auch die assoziativen Verbindungen, die im Traum sich bilden, so schwach, daß man sich derselben unmittelbar gar nicht erinnert, so lassen sie doch *Spuren* zurück, und es wird verständlich, daß nach dem Erwachen eine *neue* psychische Situation vorgefunden wird. Einigermaßen verwandte Phänomene sind jene, welche kürzlich Breuer und Freud in ihrem Buche über Hysterie beschrieben haben."

Als Ziel der Forschung bezeichnet Mach die Aufstellung einer vollständigen Theorie, worunter er eine „vollständige, systematische Darstellung der Tatsachen" versteht. Auf diese und ähnliche Sätze hat sich wohl die Kritik Einsteins bezogen, wenn er meinte, daß Mach fehl ging, wenn er unter der Wissenschaft bloß eine Aufstellung eines Kataloges von Tatsachen verstanden hätte. Wie wenig dieser Vorwurf aber berechtigt war, zeigen folgende Sätze der „Wärmelehre": „Solange eine Darstellung noch nicht vollendet ist (und das ist sie ja auch für Mach nur im Idealfalle), wird also die Theorie im ersteren Sinne als selbständiges, ordnendes, konstruierendes, *spekulatives* Element eine gewisse Berechtigung haben."

Mach war auch weit entfernt von einer banalen erkenntnispsychologischen Auffassung der Wissenschaft. In dem Kapitel „Die

Wege der Forschung" schreibt er: „Wer sich mit der Forschung beschäftigt hat, wird schwerlich glauben, daß die Entdeckungen nach dem Aristotelischen oder Bacon'schen Schema der Induktion (durch Aufzählung übereinstimmender Fälle) zustande kommen. Da wäre ja das Entdecken ein behagliches Handwerk. Die Tatsachen, deren Erkenntnis eine Entdeckung vorstellt, werden vielmehr *erschaut.*"

Das Werk ist J. B. Stallo gewidmet. Mach schreibt in dem Vorwort zur zweiten Auflage 1899: „Durch ein Zitat bei B. W. Russel (,The Foundations of Geometry') aufmerksam gemacht, habe ich seither das Buch von J. B. Stallo ,The Concepts of Modern Physics', kennen gelernt. Ich möchte diese Gelegenheit nicht vorbei gehen lassen, ohne meinen Lesern dieses aufklärende, gehaltvolle Werk angelegentlich zu empfehlen. In dem Streben ,to eliminate from science its latent metaphysical elements', stimme ich mit dem Verfasser vollkommen überein. Stallos Buch erschien in erster Auflage im November 1881 und ist zum Teil eine Neubearbeitung von 1873 und 1874 publizierten Artikeln, die wieder an 1859 gehaltene Vorträge anschließen. Es wäre für mich, als ich um die Mitte der sechziger Jahre in derselben Richtung zu arbeiten begann, sehr förderlich und ermutigend gewesen, von Stallos Untersuchungen zu wissen."

Auf Veranlassung Machs übersetzt Kleinpeter das Werk Stallos ins Deutsche, und Mach schreibt ein ausführliches Vorwort.

Mach ruhte nicht, bis er Stallo persönlich ausfindig gemacht hatte und kam mit ihm in brieflichen Kontakt. Stallo war Gesandter der Vereinigten Staaten in Rom. Als der Präsident Cleveland nach dem Wahlsieg der Republikaner sein Amt niederlegte, hatte auch seine Mission ein Ende, aber er blieb in Italien, dessen Kunstwerke er liebte, und verlebte seine letzten Jahre in Florenz.

Ernst Mach ist zu dieser Zeit nicht mehr mit seinen Anschauungen allein. Abgesehen von den Autoren des deutschen Kulturkreises, die man mit Recht als seine Schüler bezeichnen kann, wie Petzold und Kleinpeter, Cornelius, erscheint 1892 in England Pearsons „Grammar of Science", die in ihrer Weise die gleiche Richtung vertritt. E. B. Jourdain, der große englische Mathematiker, fühlt sich als sein Schüler und veröffentlicht Arbeiten, wo er den Positivismus oder Empiriokritizismus vertritt.

In Frankreich ist es vor allem Duhem, in Kopenhagen Anton Thomsen, und in Amerika, neben dem schon erwähnten Stallo, MacCormack und Carus, die Herausgeber des „Open Court". Im „Open Court" und „Monist" erscheinen viele Beiträge Machs.

Cormack übersetzt die „Mechanik" ins Englische. Auch William James ist in brieflichem Verkehr mit Mach und besucht ihn bei seiner Reise nach Europa. Beide entdecken die Verwandtschaft ihrer Anschauungen, die aber doch sich in vielem unterscheiden.

Die Übersetzungen der erkenntnistheoretischen und kritischen Arbeiten zur Wissenschaftsgeschichte Machs mehren sich, so daß sie bald in fast allen europäischen Sprachen zu lesen sind.

An dem Arzt Dr. Wolfgang Pauli, dem Vater des Physikers Pauli, findet Mach einen persönlichen Mitarbeiter und Freund. Auch der Arzt Joseph Pollak arbeitet an der 1906 erschienenen fünften Auflage der „Analyse der Empfindungen" mit, indem er darin in einem Kapitel, das er selbst schreibt, über Fortschritte der Labyrinthforschung berichtet.

Jaques Loeb schöpfte aus Machs Schriften bedeutende Anregung. 1887, als junger Assistent am physiologischen Institut Würzburg, schreibt er an Mach:

„Ihre ‚Analyse der Empfindungen' und ‚Mechanik' sind die Quellen, aus denen ich die Begeisterung und Energie zum arbeiten schöpfe ... Ihre Ideen sind wissenschaftlich und ethisch die Basis, auf der ich stehe und auf der, meiner Überzeugung nach, der Naturforscher stehen muß."

Mach bleibt mit Loeb auch nach seiner Übersiedlung nach den Vereinigten Staaten in freundschaftlichem Briefwechsel und Gedankenaustausch[1].

Loebs Forschungen finden in den Werken Machs weitgehende Verwertung, vor allem in den späteren Auflagen der „Analyse der Empfindungen" und in „Erkenntnis und Irrtum".

Mit Fritz Mauthner ist Ernst Mach in freundschaftlichem brieflichem Verkehr, Mauthner fühlt sich als ein Schüler Machs.

Im Dezember 1901 schreibt Mauthner an Mach: „... mein Werk (gemeint ist die ‚Kritik der Sprache') wurde von mir 1872 und 1873 halb unbewußt konzipiert ... da hörte ich einen Vortrag von Ihnen, ich glaube, im Deutschen Casino (gemeint ist Prag), über ‚Die Erhaltung der Arbeit' mit sehr schönen Experimenten. Damals wurde mir klar, daß meine Kritik erkenntnistheoretisch sein mußte ..."

Später, im Dezember 1901: „... Habe wieder Prinzipien der Wärmelehre gelesen. Hätte im dritten Band am liebsten das Kapitel über die Begriffe abgeschrieben, statt zu zitieren."

---

[1] In der nachgelassenen Korrespondenz Ernst Machs im Ernst-Mach-Institut, Freiburg i. Br., finden sich 22 Briefe Jaques Loebs von 1887 bis 1905.

Im selben Jahr noch schreibt Mauthner: „Sie gestatten mir wohl, Ihnen auszusprechen, wie ernst mich die Anerkennung des Mannes freut, den ich unmaßgeblich für den einzigen Philosophen unter den Physikern und Physiologen halte[1]."

Der Substanzbegriff

Von

ERNST MACH

(Aus „Prinzipien der Wärmelehre", 2. Auflage, 1900[2])

1. *Substanz* nennen wir das *unbedingt Beständige* oder jenes, welches wir dafür halten. Der naive Mensch, und so auch das Kind, hält alles für unbedingt beständig, zu dessen Wahrnehmung nur die Sinne nötig sind. So erscheint jeder *Körper* als *substanziell*, weil wir nur nach demselben zu greifen, zu blicken brauchen, um denselben wahrzunehmen. Daß dies vermeintliche unbedingt Beständige keineswegs unbedingt beständig ist, da ja eine bestimmte Tätigkeit der Sinne (Hinblicken, Hintasten) vielmehr die *Bedingung* der vermeintlich beständigen Wahrnehmung ist, fällt dem naiven Menschen nicht auf, indem er die so leicht erfüllbare Bedingung nicht weiter beachtet, dieselbe vielmehr als immer erfüllt, oder doch erfüllbar ansieht[3].

Größere Aufmerksamkeit lehrt aber, daß es sich hier nicht um eine *absolute* Beständigkeit, sondern um eine *Beständigkeit* der *Verbindung* handelt. Dieselbe lehrt weiter, daß eine bestimmte Tätigkeit des Sinnesorgans nicht die *einzige* Bedingung einer bestimmten Wahrnehmung ist. Damit an einem bestimmten Ort etwas Bestimmtes gesehen werde, muß daselbst auch ein bestimmtes *Tastbares* sich vorfinden, also eine außerhalb des Gesichtssinnes liegende (demselben fremde) Bedingung erfüllt sein. Als Bedingung der Sichtbarkeit wird außerdem noch die Beleuchtung, für einen bestimmten Anblick eine bestimmte Beleuchtung, sich herausstellen. Die *Tastbarkeit*, als an die bloße meist vorhandene *Erreichbarkeit* gebunden, erscheint als *relativ* unabhängig und *beständig*, irrtümlich sogar als *absolut* beständig. Das Tastbare *scheint* einen absolut beständigen (substanziellen) *Kern* darzustellen, an welchem die mehr variablen, von mannigfaltigen Be-

---

[1] Briefe in der nachgelassenen Korrespondenz Ernst Machs im Ernst-Mach-Institut, Freiburg i. Br.
[2] Die Wiedergabe der folgenden Texte von Ernst Mach (S. 82—95) erfolgt mit Genehmigung des Verlages J. A. BARTH, Leipzig.
[3] Vgl. Analyse der Empfindungen, S. 154.

dingungen abhängigen übrigen Elemente haften. Da aus dem Komplex der sinnlichen, ein Ganzes bildenden Elemente, jedes einzelne ohne merkliche Störung wegfallen kann, entsteht der Gedanke eines *außersinnlichen*, jene Elemente zusammenhaltenden, *substanziellen* Kernes, einer außersinnlichen Bedingung der Wahrnehmung. Der besonnenen und unbefangenen Betrachtung stellt sich jedoch dies Verhältnis anders dar.

Ein Körper sieht bei jeder Beleuchtung anders aus, bietet bei jeder Raumlage ein anderes optisches Bild, gibt bei jeder Temperatur ein anderes Tastbild usw. Alle diese sinnlichen Elemente hängen aber so miteinander zusammen, daß bei derselben Lage, Beleuchtung, Temperatur, auch dieselben Bilder wiederkehren. Es ist also durchaus eine Beständigkeit der *Verbindung* der sinnlichen Elemente, um die es sich hier handelt. Könnte man sämtliche sinnliche Elemente *messen*, so würde man sagen, der *Körper* besteht in der Erfüllung gewisser *Gleichungen*, welche zwischen den sinnlichen Elementen statt haben. Auch wo man nicht messen kann, mag der Ausdruck als ein *symbolischer* festgehalten werden. Diese *Gleichungen* oder Beziehungen sind also das eigentlich *Beständige*.

2. Man kann für die Existenz einer *außersinnlichen substanziellen* Bedingung der Wahrnehmung geltend machen, daß ein Körper, den ich in einer gewissen Weise wahrnehme, auch von *Andern* in entsprechender Weise wahrgenommen werden muß. Diesen Umstand wird ja niemand in Abrede stellen. Derselbe besagt aber doch nicht mehr, als daß ähnliche Gleichungen, wie dieselben zwischen den enger zusammenhängenden Elementen bestehen, welche mein Ich J darstellen, auch zwischen den Elementen anderer Ichs J', J'', J''' ... umfassende Gleichungen bestehen. Mehr wird ein Forscher, der sich seiner rein deskriptiven Aufgabe bewußt ist, und der Scheinprobleme zu vermeiden sucht, in dem erwähnten Umstand nicht sehen wollen. Es dürften auch von älteren einseitigen, in hergebrachten Ansichten befangenen Auffassungen herrührende Termini den Sachverhalt kaum besser bezeichnen. Mag man nun besagte Gleichungen im Gegensatz zu den *sinnlichen* Elementen als *Noumena*, oder wegen ihrer Wichtigkeit bei Erkenntnis der wirklichen Welt als den Ausdruck von *Realitäten* ansehen, auf derartige Streitigkeiten um den Ausdruck wird wenig ankommen[1].

---

[1] Die obige Formulierung ist für den Naturforscher, welcher *erkenntnistheoretische* Ziele verfolgt, für alle Fälle ausreichend, und schaltet zugleich philosophische Terminologien aus, welche immer nur einseitigen, nur zeit-

3. So genau wird der Sachverhalt von dem naiven Menschen nicht analysiert, und in der Regel auch nicht von dem Physiker, der vielmehr unmittelbar an die naive Vorstellung anzuknüpfen pflegt. Der Körper erscheint als ein *fester* gegebener Eigenschaftskomplex. Auf die feineren Variationen desselben, so wie darauf, daß die Glieder des Komplexes nur auf gewisse sinnliche, muskuläre, technische Reaktionen hervortreten, wird meist nicht geachtet. Zu dem sinnlichen Komplex, der den Körper darstellt, gehört auch, daß derselbe zu einer bestimmten *Zeit* an einem bestimmten *Ort* wahrgenommen wird, also Zeit- und Raum*empfindung*[1]. Die Tatsache der *Beweglichkeit* eines Körpers bedeutet *Variabilität* der beiden letztgenannten Elemente des Komplexes bei verhältnismäßiger *Stabilität* der übrigen Glieder. Ein Körper „*bewegt sich*" von einem Orte zum andern. Ein Körper verläßt einen Ort und wir finden „*denselben*" Körper an einem anderen Orte. Das naive Bewußtsein faßt den Körper als etwas *Beständiges* auf. Der *Körper* ist die Grundlage der ersten und naivsten *Substanzvorstellung*. Diese Substanzvorstellung entwickelt sich ganz *instinktiv* und ist eben deshalb sehr kräftig. Das Tier sucht einen eben dem Blick entschwundenen begehrenswerten Körper überall in der Umgebung, in der unverkennbaren Voraussetzung, daß derselbe da sein müsse. Ebenso verhält sich das Kind. Bei einer geringen Kritik überträgt letzteres die Substanzvorstellung leicht auf *alles* Wahrnehmbare, sucht den verschwundenen Schatten, das gelöschte Licht, hascht nach einem Nachbild oder Blendungsbild usw.[2]. Der Irrtum scheint natürlich, indem die überwiegende Menge der Wahrnehmungen sich an *Körper* knüpft.

4. Nehmen wir nun an, ein Körper sei *flüssig*, oder doch leicht *teilbar*, *quasi-flüssig*, so daß man einen Teil desselben aus einem Gefäß in das andere übergießen kann. Jedes Teilchen des Körpers wird dann

---

weilig haltbaren Standpunkten (Idealismus, Realismus usw.) angepaßt sind. Daß ich nicht daran gedacht habe, die vulgäre Sprache, oder auch nur die Alltagssprache des Naturforschers durch eine neue zu ersetzen, wird man mir wohl zutrauen, ebenso auch, daß mir die einfachen Überlegungen längst geläufig waren, welche Boltzmann (Über die Frage nach der objektiven Existenz der Vorgänge in der unbelebten Natur, Sitzungsberichte der mathematisch-naturwissenschaftlichen Classe der Wiener Akademie, Bd. 106, Abt. IIa, Januar 1897) vorbringt. Es handelt sich da lediglich um Fragen des terminologischen Geschmacks. An dem Sachverhalt wird durch dieselben nichts geändert.

[1] Vgl. Analyse der Empfindungen, S. 40.
[2] Analyse der Empfindungen, S. 158.

einen gewissen beständigen Eigenschaftskomplex darbieten, und da die Menge der Teilchen einer Vermehrung und Verminderung fähig ist, so werden auch jene Eigenschaften, die sich bei gewissen Reaktionen äußern, sich als *Quantitäten* darstellen. Wir gelangen so zu der Vorstellung eines *Beständigen, Substanziellen*, welches der Qualität nach in verschiedenen Körpern verschieden sein kann, das wir *Materie* nennen. Die Teile eines Körpers sind wieder (beständige) Körper. Entnehmen wir einem Körper eine Menge von Teilen, so erscheinen dieselben anderswo. Die *Menge der Materie* erscheint konstant. Das Wesentliche dieser weiter entwickelten *Substanzvorstellung* besteht darin, daß wir die *Quantität* der *Substanz* als unveränderlich ansehen, derart, daß jene Quantität, die irgendwie verschwindet, anderwärts wieder erscheint, so daß die *Summe der Quantitäten konstant bleibt*. Ein einfacher beweglicher Körper bildet einen *Spezialfall* dieser allgemeineren Vorstellung. Die *begriffliche* Reaktion, durch welche man die Frage beantworten wird, ob etwas unter den Begriff *Substanz* zu subsumieren sei, wird also darin bestehen, daß man einen quantitativen Abgang, der irgendwo auftritt, anderswo *sucht* (einerlei ob durch sinnliche, muskuläre, technische oder intellektuelle Operationen). Findet sich jener Abgang, so entspricht das fragliche Etwas dem Begriff *Substanz*. Man bemerkt, daß das einfache Umsehen nach einem vermißten Körper den Grundtypus von begrifflichen Reaktionen darstellt, welche bis in die abstraktesten Gebiete der Wissenschaft reichen.

Die Teile des Körpers, d. h. deren auf verschiedene Reaktionen auftretende Eigenschaften, sind addierbare Quantitäten. Die Materie oder ein Körper wird also *so vielfach substanziell* erscheinen, als Eigenschaften aufweisbar sind, so in bezug auf das Gewicht, die Wärmekapazität, die Verbrennungswärme, die Masse, usw.

Für *gleichartige* Körper gehen diese Quantitäten, da sie in jedem Teilchen aneinander gebunden sind, einander *proportional*, und man kann daher *jede* derselben als Maß der anderen benützen. Newton hat die Masse als *Quantität der Materie* bezeichnet, und dieser (scholastische) Ausdruck ist schon anderwärts kritisch beleuchtet worden[1]. Hier soll nur darauf hingewiesen werden, daß jede der beispielsweise angeführten Eigenschaften für sich eine *substanzielle Quantität* darstellt, so daß für den Begriff Materie eigentlich keine andere Funktion übrig bleibt als jene, die *beständige Beziehung* der Einzeleigenschaften

---

[1] Anmerkung des Herausgebers: siehe S. 43.

darzustellen. Von großer praktischer Bedeutung war der von Newton geführte experimentelle Nachweis, daß die *Masse* und das *Gewicht* (an demselben Orte der Erde) für ganz *beliebige* verschiedene Körper einander proportional sind[1]. Die Masse ist aber darum noch nicht die „Quantität der Materie", sondern *eine* (mechanische) Eigenschaft des als Materie bezeichneten Komplexes, ganz wie die übrigen als Beispiel angeführten.

Wären wir bei der Beurteilung der Beständigkeit materieller Eigenschaften auf unsere bloßen Sinne angewiesen, so würde unser Urteil vielfachen Schwankungen unterliegen, abgesehen davon, daß unsere Beobachtung nicht genau mitteilbar wäre. Der Newton'sche Nachweis verschafft uns in der Waage und dem Gewichtssatz ein *Maß* der *Substanzialität*. Diese Vorrichtungen unterstützen unsere direkte sinnliche Beobachtung in analoger Weise, wie das Thermometer die Beobachtung durch die bloße Wärmeempfindung unterstützt. Jedem, der eine Waage und einen Gewichtssatz besitzt, ist eine Vergleichstatsache zugänglich, auf welche wir uns bei *Mitteilung* unserer Beobachtungen und genauen Darstellungen der Tatsachen in Gedanken beziehen können. Hierin liegt, wie schon erwähnt, die Bedeutung aller *Maße*.

5. In welcher Weise der Substanzbegriff in den physikalischen Theorien auftritt, und wie er sich in denselben entwickelt, lehrt die Geschichte dieser Wissenschaft. Ein elektrischer oder magnetischer Körper unterscheidet sich äußerlicher Sicht nach gar nicht von einem unelektrischen oder unmagnetischen. Ersterem bewegen sich aber gewisse Körper entgegen, während sie gegen letzteren sich gleichgültig verhalten. So wie wir aber gewohnt sind wahrzunehmen, daß dem Sichtbaren ein Tastbares zugrunde liegt, auch wenn wir letzteres im Augenblick nicht tasten, setzen wir auch zwischen elektrischen und magnetischen Körpern einerseits und indifferenten andererseits einen *bleibenden Unterschied* voraus, der zwar augenblicklich nicht sichtbar, vielleicht aber später einmal nachweisbar sein könnte. Dieser *bleibende* Unterschied wird in der natürlichsten und einfachsten Weise als ein unsichtbarer *Stoff* aufgefaßt. Dieser Gedanke hat auch seinen (ökonomischen) *Vorteil*; denn wer sich den elektrischen Körper, obgleich derselbe sich direkt sinnlich vom unelektrischen nicht unterscheidet, *mit* diesem Stoff beladen denkt, wird durch dessen Verhalten nicht jedesmal wieder von neuem überrascht.

---

[1] Anmerkung des Herausgebers. Siehe S. 43.

Der lebende Menschen- oder Tierkörper unterscheidet sich vom toten in analoger Weise wie der elektrische Körper vom unelektrischen. Kein Wunder also, daß die „*Seele*" ebenfalls als ein Stoff aufgefaßt wurde, zumal wenn man hinzunimmt, daß man in Träumen usw. dieselbe isoliert wahrzunehmen glaubte. Wo *animistische* Vorstellungen in physikalische Theorien hineinspielen, gehören diese, wie schon bemerkt, dem Gebiete des Fetischismus an.

Eine Entwicklung erfährt die physikalische Stoffvorstellung, sobald bemerkt wird, daß ein Körper auf Kosten des anderen sich erwärmt, daß ein Körper auf Kosten des anderen sich elektrisiert, daß ferner im ersteren Fall eine gewisse Produktensumme (Wärmekapazität × Temperaturänderung), im letzteren Falle die Summe der elektrischen Kräfte gegen die Einheitsladung in der Einheitsentfernung konstant bleibt. Nun tritt die Stoffvorstellung in das Gebiet der Qualitätsbegriffe.

Der Übergang der physikalischen Begriffe aus dem vorigen Stadium in das zuletzt bezeichnete hat sich zu Ende des achtzehnten Jahrhunderts vollzogen. Eine weitere Entwicklung besteht nun darin, daß die ursprünglichen naiven Stoffvorstellungen als unnötig erkannt werden, daß man ihnen höchstens den Wert *veranschaulichender Bilder* beimißt, daß man die gefundenen *quantitativen Beziehungen*, die sich in der Erfüllung der oben angedeuteten Gleichungen aussprechen, *als das eigentlich beständige, Substanzielle erkennt* ...

Kausalität und Erklärung

Von

ERNST MACH

(Aus „Prinzipien der Wärmelehre", 2. Auflage, 1900)

1. Ein Anderes ist es, sagt man, einen Vorgang zu *beschreiben*, ein Anderes, die *Ursache* des Vorganges anzugeben. Um hierüber klar zu werden, wollen wir untersuchen, wie der Begriff Ursache entsteht.

Nach Ursachen zu fragen haben wir im allgemeinen nur ein Bedürfnis, wo eine (ungewöhnliche) Änderung eintritt, einmal, weil überhaupt nur ein solcher Fall die Aufmerksamkeit auf sich zieht, dann aber, weil, nur wo *verschiedene* Fälle (Änderungen) eintreten, die Frage nach der Bedingung des einen oder des anderen überhaupt einen Sinn hat. Die uns geläufigsten Änderungen in unserer Umgebung sind jene, welche durch unseren *Willen* eingeleitet werden, welche zu den Auffassungen des Animismus und Fetischismus führen. *Hume* gibt sich einen Augenblick dem Gedanken hin, daß unser Ursachbegriff diesem Fall seinen Ursprung verdanken könnte, findet aber dann, daß die Verknüpfung, Succession, zwischen Willen und Bewegung ganz von derselben Art ist, wie jede andere in der Erfahrung gegebene Verknüpfung oder Succession. Wir haben in bezug auf den Zusammenhang von Willen und Bewegung nicht *mehr Einsicht* als in irgend einen anderen Fall eines Zusammenhanges, meint Hume, und läßt schließlich nur die *Erwartung* der *Gewohnheit* gelten. Humes Analyse, seine Beleuchtung des Falles durch den Gelähmten, der trotz seines Willens den Arm nicht bewegen kann, ist vortrefflich für einen *höheren kritischen* Standpunkt. Dennoch spricht die ganze Kulturgeschichte mit ihren mächtigen Erscheinungen laut gegen ihn und zeigt, daß dem *gewöhnlichen* Bewußtsein die Verknüpfung von Willen und Bewegung weitaus geläufiger ist als jede andere. Der berührte Gedanke ist auch unausrottbar, und kehrt immer wieder. So hat seinerzeit S. Stricker den Unterschied zwischen einer exakten experimentellen und einer historischen (soziologischen) Wissenschaft dadurch *drastisch* erläutert, daß er gesagt hat, in ersterer könne man die Umstände und mit diesen die Folgen durch den bloßen Willen beliebig ein- und ausschalten, in letzterer nicht. Das Treffende, welches hierin liegt, wird jeder Naturforscher anerkennen.

2. Bei alledem bleibt die Hume'sche Kritik aufrecht. Man darf jedoch nicht übersehen, daß es Verknüpfungen von *verschiedenem Grade* der Geläufigkeit gibt, und daß durch diesen Umstand die merkwürdigsten psychischen Erscheinungen bedingt sind, ja daß in demselben wohl alle auf Kausalität bezüglichen Probleme ihren Ursprung finden.

Es ist bekannt, daß in der Zeit des herrschenden Animismus und Fetischismus fast *jeder* Zusammenhang für möglich gehalten wird. Doch bevorzugt auch der Volksglaube den Zusammenhang solcher Dinge, welche untereinander eine gewisse Ähnlichkeit haben, wenn dieselbe auch etwa nur in der Vorstellung des Gläubigen liegen sollte. So wurden die Früchte der Pflanzen als Heilmittel für den Kopf, die Wurzeln als Heilmittel für die Füße angesehen usw. Für ungewöhnliche Wirkungen sucht man abenteuerliche Ursachen, wofür das Hexengebräu in Shakespeares Macbeth ein drastisches Beispiel liefert. Wir verstehen diese Dinge, wenn wir uns in die Denkweise unserer Kindheit zurückversetzen. Allein die wesentlichen Züge des volkstümlichen Denkens äußern sich noch bei den Denkern der Jonischen Philosophenschule und kommen vereinzelt selbst heute noch zum Vorschein.

Dem modernen Forscher erscheint wohl kaum etwas wunderlicher als das System des Okkasionalismus, zu dem Descartes den Anstoß gegeben, oder als die Leibniz'sche prästabilierte Harmonie. Man erkennt jedoch beide Theorien als ein fast notwendiges Ergebnis der intellektuellen Situation, in welcher sich jene Denker befanden. Leicht verfolgt man an dem Leitfaden der Association und Logik den Zusammenhang eines psychischen Zustandes mit dem folgenden, verhältnismäßig leicht mußte es in der Zeit des Aufschwunges der mechanischen Naturwissenschaft auch scheinen, in jedem Zustand der mechanischen Welt die Zeichen des folgenden zu erkennen. Für den Zusammenhang der psychischen Welt mit der mechanischen fehlte aber jede Geläufigkeit. Geist und Materie scheinen sich ganz fremd, um so verschiedener, je weiter die Mechanik vorgeschritten war, und kaum war die theologische Zeitstimmung noch nötig, um die erwähnten Systeme zu schaffen. Sehen wir doch heute noch in dem Dubois'schen „Ignorabismus" den Ausdruck einer ähnlichen intellektuellen Situation[1].

Die genaue Analyse zeigt allerdings, daß wir davon ebensowenig wissen, *warum* ein stoßender Körper einen gestoßenen in Bewegung setzt, wie davon, warum unsere psychischen Zustände physische Folgen haben. Beide Verknüpfungen sind einfach in der Erfahrung gegeben; nur ist die erstere einfacher, dem erfahrenen Mechaniker geläufiger; er hat an der Richtung, Geschwindigkeit, Masse des stoßenden Körpers viel mehr Anhaltspunkte für die einzelnen Eigenschaften des Folgezustandes, er kann sich im ersteren Fall in mehr sicheren, geläufigen, bestimmteren, ins Einzelne gehenden Gedanken-Konstruktionen bewegen. Es ist aber nur ein *Grad*unterschied, der einen *qualitativen* Unterschied beider Fälle vortäuscht.

3. Es kann nicht genug betont werden, daß wir über die Verknüpfung zweier Tatsachen je nach Umständen in sehr verschiedener Weise urteilen. In manchen Fällen denken wir kaum an die Möglichkeit einer Verknüpfung, während wir in anderen Fällen geradezu

---

[1] Es wird mir eingewendet, daß das Psychische durchaus nicht bloß durch Psychisches bestimmt sei. Das weiß ich sehr wohl. Es handelt sich hier aber nicht um *meine* Ansicht, sondern um diejenige, welche sich bei Descartes und Leibniz natürlich einstellen mußte, und welche die notwendige Bedingung ihrer Systeme war.

unter einem psychischen Zwang stehen, und uns diese Verknüpfung als eine *notwendige* erscheint. So scheint z. B. dem gewandten Artilleristen die bestimmte Wurfbahn mit Notwendigkeit an die Anfangsgeschwindigkeit und Richtung des Projektils geknüpft. In der Tat, *wenn* der Vorgang den bekannten einfachen und durchsichtigen geometrischen (phoronomischen) Gesetzen entspricht, so liegt derselbe ebenso klar vor uns als jene; Anfangsgeschwindigkeit und Anfangsrichtung werden dann für uns zum *Erkenntnisgrund*, aus dem sich die Bahnelemente als logisch notwendige *Folge* ergeben. In dem Augenblick, als wir diese *logische Notwendigkeit* fühlen, denken wir nicht zugleich daran, daß das Bestehen jener Bedingung einfach durch die Erfahrung gegeben ist, ohne im geringsten auf einer Notwendigkeit zu beruhen.

Die verschiedene Kraft solcher Kausalitätsurteile treibt nun zur Untersuchung über die Natur derselben, und erzeugt eben das Hume-Kant'sche Problem: Wie kann das Bestehen eines Dinges A überhaupt zur notwendigen Bedingung des Bestehens eines anderen B werden? Beide Denker lösen dasselbe in ganz verschiedener Weise, und zwar Hume in der schon erwähnten, der wir beipflichten. Kant hingegen imponiert die *tatsächliche* Kraft, mit der Kausalitätsurteile auftreten. Ihm schwebt nachweislich als Ideal das Verhältnis von (Erkenntnis-) Grund und Folge vor. Der „angeborene Verstandesbegriff" erscheint ihm sozusagen als Postulat, um das tatsächliche Bestehen der Kausalitätsurteile psychologisch zu verstehen. Daß es sich aber nicht um einen angeborenen, sondern um einen durch die Erfahrung *selbst* entwickelten Begriff handelt, lehrt die einfache Überlegung, daß der erfahrene Physiker sich einer neuen und zum ersten Mal beobachteten Tatsache gegenüber doch ganz anders verhält, als das unerfahrene Kind derselben gegenüber. Eine Erfahrungstatsache wirkt eben nicht durch sich allein, sondern setzt sich mit allen vorausgegangenen in psychische Beziehung. So kann allerdings der Eindruck entstehen, als ob wir durch eine einzelne Tatsache etwas erfahren könnten, was nicht in ihr *selbst* liegt. Dieses Etwas, was wir hinzutun, liegt eben in der Summe der vorausgegangenen Erfahrung.

Wo wir eine Ursache angeben, drücken wir nur ein Verknüpfungsverhältnis, einen Tatbestand aus, d. h. wir *beschreiben*. Wenn wir von „Anziehungen der Massen" sprechen, könnte es scheinen, als ob dieser Ausdruck *mehr* enthielte, als das Tatsächliche. Was wir aber darüber hinaus hinzutun, ist sicherlich müßig und nutzlos. Setzen wir die gegenseitige Beschleunigung $\varphi = k \frac{(m + m_1)}{r^2}$, so beschreibt diese Formel die Tatsache viel genauer als der obige Ausdruck und eliminiert zugleich jede überflüssige Zutat.

Strebt man, die Spuren von Fetischismus zu beseitigen, welche dem Begriff Ursache noch anhaften, überlegt man, daß *eine* Ursache in der Regel nicht angebbar ist, sondern daß eine Tatsache meist durch ein ganzes System von Bedingungen bestimmt ist, so führt dies dazu, den Begriff Ursache ganz aufzugeben. Es empfiehlt sich vielmehr, die begrifflichen Bestimmungselemente einer Tatsache als *abhängig voneinander* anzusehen, ganz in demselben Sinne, wie dies der Mathematiker, etwa der Geometer tut.

4. Auch die *Erklärung* soll nach vielverbreiteter Ansicht von der Beschreibung wesentlich verschieden sein. Die Beschreibung gebe die Tatsache, meint man, die Erklärung aber eine *neue Einsicht*. Obwohl die Frage durch das Obige eigentlich schon beantwortet ist, wollen wir dieselbe hier doch noch von einer anderen Seite beleuchten.

Man denke sich ein heißes und ein kaltes Eisenstück, welche beiden Stücke sonst ganz gleich aussehen mögen. Auf dem ersten verdampft ein Wassertropfen zischend, ein Wachsstückchen schmilzt und raucht, während auf dem zweiten ein Wassertropfen friert, ein darauffallender Wachstropfen rasch erstarrt. Beide Stücke muß ich mir in einem verschiedenen Zustand denken, den ich *Wärmezustand* nenne, weil mir meine Wärmeempfindung ein *Zeichen* desselben gibt. Unter diesem Wärmezustand verstehe ich aber gar nichts anderes, als die Gesamtheit des Verhaltens dieser Eisenstücke anderen Körpern gegenüber, welches ich erfahrungsgemäß zu *erwarten* habe, solange dieselben die als Zeichen charakteristische Empfindung zu erregen vermögen. Ich kann diesen *Zustand* irgendwie nennen, mir irgendein Phantasieding in dem Eisen vorstellen, außer der *Repräsentation* der bekannten Vorgänge durch einen *Namen* oder ein *Bild* habe ich gar keinen Vorteil davon. Ich kann hieraus nichts ableiten, nichts folgern, was mich die Erfahrung nicht gelehrt hätte. In diesem Falle habe ich nun an der Wärmeempfindung ein *Zeichen* dessen, was ich zu erwarten habe, auch wenn der Wassertropfen oder das Wachs noch nicht da ist. Ein noch besseres Zeichen ist die *Thermometeranzeige*.

Nun denken wir uns zwei gleiche Stahlstücke, das eine magnetisch, das andere unmagnetisch, die ich weder durch Besehen noch durch Betasten voneinander unterscheiden kann. Habe ich eben einen Versuch angestellt, so werde ich z. B. wissen, daß das *rechts* liegende Stück magnetisch ist, das links liegende nicht. Ich kann das eine Stück auch bezeichnen. Die magnetische Flüssigkeit, die ich mir etwa in das eine Stück hineinphantasiere (als intellektuelles Zeichen) nützt mir nichts. Bei *neuen* vorgelegten Stücken bin ich mit und ohne Fluidumsvorstellung ganz ratlos, welchen Zustand ich mir zu denken habe.

Erst wenn ich das Stück frei aufhänge oder gegen eine Drahtspule bewege, gewinne ich (durch die Richtkraft oder den induzierten Strom) ein ähnliches *Kennzeichen* des Verhaltens, des Zustandes, wie dasselbe im vorigen Fall durch die Wärmeempfindung oder das Thermometer geliefert wird. Wert hat allein die *Beziehung* des *Tatsächlichen* zu *Tatsächlichem*, und diese wird durch die Beschreibung erschöpft.

Die hinzugedachten Flüssigkeiten haben ja doch nur die Eigenschaften, die man ihnen zur Darstellung des Tatsächlichen andichten mußte. Sollen dieselben auf einmal *mehr* enthalten als die Tatsachen?

5. Wie kann nun der Eindruck entstehen, daß eine Erklärung mehr leistet, als eine Beschreibung? Wenn ich zeige, daß ein Vorgang A sich so verhält wie ein anderer mir *besser* bekannter B, so wird mir A hiermit noch *vertrauter*, ebenso wenn ich zeige, daß A aus der Folge oder dem Nebeneinander der mir bereits bekannten $B, C, D \ldots$ besteht. Hiermit ist aber nur ein Tatsächliches durch ein anderes Tatsächliches, eine Beschreibung durch andere mir vielleicht schon besser bekannte Beschreibungen ersetzt. Die Sache kann mir dadurch geläufiger werden, es kann sich dadurch eine Vereinfachung ergeben, im Wesen derselben tritt aber keine Änderung ein.

Man sagt, die Tatsachen stünden in den Darlegungen des Physikers in der Relation der *Notwendigkeit*, welchen Umstand die bloße Beschreibung nicht zum Ausdruck bringt. Wenn ich konstatiert habe, daß eine Tatsache A gewisse (z. B. geometrische) Eigenschaften B hat, und mich in meinem Denken daran halte, so kann ich selbstredend nicht *zugleich* wieder hiervon absehen. Das ist eine *logische* Notwendigkeit. Hierin liegt aber nicht, daß dem A *notwendig* die Eigenschaft B zukommt. Dieser Zusammenhang ist lediglich durch die Erfahrung gegeben. Eine andere als eine *logische* Notwendigkeit, etwa eine physikalische, existiert eben nicht.

Fragen wir, wann uns eine Tatsache *klar* ist, so müssen wir sagen, dann, wenn wir dieselbe durch recht *einfache*, uns geläufige Gedankenoperationen, etwa Bildung von Beschleunigungen, geometrische

Summation derselben usw. nachbilden können. Diese Anforderung an die *Einfachheit* ist selbstredend für den Sachkundigen eine andere als für den Anfänger. Ersterem genügt die Beschreibung durch ein System von Differentialgleichungen, während letzterer den allmählichen Aufbau aus Elementargesetzen fordert. Ersterer durchschaut sofort den Zusammenhang beider Darstellungen. Es soll natürlich nicht in Abrede gestellt werden, daß der *künstlerische* Wert sachlich ganz gleichwertiger Beschreibungen noch ein sehr verschiedener sein kann.

6. Am schwersten werden Fernerstehende zu überzeugen sein, daß die großen allgemeinen *Gesetze* der Physik für beliebige Massensysteme, elektrische, magnetische Systeme usw., von *Beschreibungen* nicht wesentlich verschieden sind. Die Physik befindet sich vielen Wissenschaften gegenüber wirklich in einem großen Vorteil. Wenn z. B. ein Anatom, die übereinstimmenden und unterscheidenden Merkmale der Tiere aufsuchend, zu einer immer feineren *Klassifikation* gelangt, so sind die einzelnen Tatsachen, welche die letzten Glieder des Systems darstellen, doch so *verschieden*, daß dieselben *einzeln gemerkt* werden müssen. Man denke z. B. an die gemeinsamen Merkmale der Wirbeltiere, die Klassencharaktere der Säuger und Vögel einerseits, der Fische anderseits, an den doppelten Blutkreislauf einerseits, den einfachen anderseits. Es bleiben schließlich immer *isolierte* Tatsachen übrig, die untereinander nur eine *geringe* Ähnlichkeit aufweisen.

Eine der Physik viel verwandtere Wissenschaft, die Chemie, befindet sich oft in einer ähnlichen Lage. Die sprungweise Änderung der qualitativen Eigenschaften, die geringe Ähnlichkeit der koordinierten Tatsachen der Chemie, erschweren die Behandlung. Körperpaare von verschiedenen qualitativen Eigenschaften verbinden sich in verschiedenen Massenverhältnissen; ein Zusammenhang zwischen ersteren und letzteren ist aber zunächst nicht wahrzunehmen.

Die Physik hingegen zeigt uns ganze große Gebiete *qualitativ gleichartiger* Tatsachen, die sich nur durch die Zahl der gleichen Teile, in welche deren Merkmale zerlegbar sind, also nur *quantitativ* unterscheiden. Auch wo wir mit Qualitäten (Farben und Tönen) zu tun haben, stehen uns quantitative *Merkmale* derselben zur Verfügung. Hier ist die *Klassifikation* eine so einfache Aufgabe, daß sie als solche meist gar nicht zum Bewußtsein kommt, und selbst bei unendlich feinen Abstufungen bei einem *Kontinuum* von Tatsachen, liegt das Zahlensystem im voraus bereit, beliebig weit zu folgen.

Die koordinierten Tatsachen sind hier *sehr ähnlich* und verwandt, ebenso deren Beschreibungen, welche in einer Bestimmung der Maßzahlen gewisser Merkmale durch jene anderer Merkmale mittels geläufiger Rechenoperationen, d. i. Ableitungsprozesse, bestehen. Hier kann also das *Gemeinsame* aller Beschreibungen gefunden, damit eine *zusammenfassende* Beschreibung oder eine *Herstellungsregel* für alle Einzelbeschreibungen angegeben werden, die wir eben das *Gesetz* nennen. Allgemein bekannte Beispiele sind die Formeln für den freien Fall, den Wurf, die Zentralbewegung usw. Leistet also die Physik mit ihren Methoden scheinbar so viel mehr als andere Wissenschaften, so müssen wir andererseits bedenken, daß dieselbe in gewissem Sinne auch *weitaus einfachere Aufgaben vorfindet*.

Die Chemie hat es übrigens verstanden, sich der Methoden der Physik in ihrer Art zu bemächtigen. Von älteren Versuchen abgesehen, sind die periodischen Reihen von L. Meyer und Mendelejeff ein geniales und erfolgreiches Mittel, ein übersichtliches System von Tatsachen herzustellen, welches, sich allmählich vervollständigend, fast ein *Kontinuum* von Tatsachen ersetzen wird. Und durch das Studium der Lösungen, der Dissoziation, überhaupt der Vorgänge, welche wirklich ein Kontinuum von Fällen darbieten, haben die Methoden der Thermodynamik Eingang in die Chemie gefunden.

Das Ziel der Forschung

Von

Ernst Mach
(Aus „Prinzipien der Wärmelehre", 2. Auflage, 1900)

1. Wenn man eine *vollständige Theorie* als das Endziel der Forschung bezeichnen wollte, dürfte man den Ausdruck „Theorie" nicht in dem Sinne nehmen, in welchem derselbe an einer früheren Stelle gebraucht worden ist, und in welchem derselbe meist gebraucht wird, nicht als eine Parallelisierung eines Tatsachengebietes mit einem *anderen geläufigeren*. Wir müßten unter diesem Namen vielmehr eine *vollständige systematische Darstellung* der *Tatsachen* begreifen. Solange jedoch dieses Endziel noch nicht erreicht ist, bedeutet die Theorie im ersteren Sinne immer einen Fortschritt, eine Annäherung an das letztere, indem sie ein vollständigeres Bild der Tatsachen gibt, als dies ohne deren Hilfe möglich wäre. Solange eine Darstellung noch nicht vollendet ist, wird also die Theorie im ersteren Sinne als selbsttätiges, ordnendes, konstruierendes, spekulatives Element eine gewisse Berechtigung haben.

2. Das Ideal aber, dem jede wissenschaftliche Darstellung, wenn auch sozusagen asymptotisch zustrebt, enthält in der vollständigen Beschreibung der Tatsachen mehr als alle Spekulationen zu geben vermögen, und es fehlt demselben dafür das Fremde, Überflüssige, Irreführende, das jede Spekulation einführt. Dieses Ideal ist ein vollständiges *übersichtliches Inventar der Tatsachen eines Gebietes*. Dasselbe soll für den Gebrauch einfach, handlich, ökonomisch geordnet und in der Anlage so durchsichtig sein, daß es womöglich ohne weitere Hilfsmittel im Kopfe behalten werden kann. Was wir gegenwärtig zur Erläuterung heranziehen können, sind nur Versuche und Bruchstücke einer derartigen künftigen Darstellung, wie z. B. die d'Alembert'sche (oder Lagrange'sche) Gleichung, welche alle möglichen dynamischen Tatsachen, die Fourier'schen Gleichungen, welche alle denkbaren Wärmeleitungstatsachen umfassen. Wer sich die leicht im Kopfe zu behaltenden Fourier'schen Gleichungen angeeignet hat, wird eine *Übersicht* der Leitungstatsachen haben und die *Sicherheit*, daß das Gebiet so *erschöpfend* dargestellt ist, wie etwa chemische Tatsachen durch eine vollständige analytische Tabelle. Letztere Tabelle kann aber durch eine einzige neu aufgefundene Tatsache gestört werden, während Fouriers Gleichungen keine explizite Beschreibung, sondern die Herstellungsregel derselben für jeden möglichen Fall, für eine unendliche Anzahl, für ein Kontinuum von Fällen enthalten. Durch die Zerlegung in Volum- und Zeitelemente, und die Kenntnis der einfachen Vorgänge in denselben, von welchen jene Gleichungen ausgehen, sind wir in den Stand gesetzt, *jede* vorkommende Tatsache mit *genügender Genauigkeit* aus solchen Elementarvorgängen zusammenzusetzen und den Verlauf derselben dann schrittweise in Gedanken (rechnend und konstruierend) aufzubauen. Das hat wohl Riemann gemeint mit dem Worte: daß wahre (überall anwendbare) Naturgesetze nur im unendlich Kleinen zu erwarten seien (nicht in dem zufälligen, zu speziellen und individuellen Integralfall). Die Gleichungen sind also viel einfacher zu handhaben als jede Tabelle, und die Wiederholung derselben wenigen einfachen Motive, welche in jeder Anwendung auftritt, bringt einen *logisch-ästhetischen* Eindruck hervor, verwandt demjenigen, welchen die mannigfaltige Anwendung derselben Motive in einem Kunstwerk erzeugt[1].

---

[1] In bezug auf die ästhetische Seite der Wissenschaft vgl. POPPER, Die technischen Fortschritte nach ihrer ästhetischen und kulturellen Bedeutung, Leipzig 1888.

PHILOSOPHISCHER LEHRSTUHL IN WIEN
ERKENNTNIS UND IRRTUM

1894 traf Mach ein schwerer Schicksalsschlag. Sein Sohn Heinrich, der in Göttingen mit großem Erfolg seine Studien beendet hatte, verübte ohne sichtlichen äußeren Grund Selbstmord. Diesen Schicksalsschlag soll Mach nie mehr ganz überwunden haben; es wurde in der Familie seit der Zeit kein Christbaum mehr aufgestellt.

So kam ihm die 1895 erfolgte Berufung sehr gelegen. Die Berufung erfolgte nach Wien mit einem Lehrauftrag für Philosophie, insbesondere Geschichte und Theorie der induktiven Wissenschaften. Die Vorgeschichte der Berufung läßt sich aus Briefen, die sich im Ernst-Mach-Institut in Freiburg i. Br. befinden, von Theodor und Heinrich Gomperz, Tschermak und Popper-Lynkeus herauslesen. Der Gedanke, Mach auf einen Lehrstuhl der Philosophie zu berufen, kam von dem damals noch jungen Heinrich Gomperz. Der Vater Theodor gab ihm am Abend ein Referat Machs aus der Gesellschaft der Naturforscher und Ärzte zu lesen. Am Morgen sagte der junge Gomperz zum Vater: „Hier habt ihr ja den Mann für den dritten Lehrstuhl der Philosophie, den ihr sucht". Theodor Gomperz schrieb tatsächlich gleich einen Brief an Mach, in dem er anfragte, ob Mach bereit sei, eine Lehrkanzel für Philosophie zu übernehmen. Der Fall sei ja nicht ohne Präzedenz, hätte doch Helmholtz in den gleichen Lebensjahren sein Nominalfach gewechselt. Mach schlägt vor, ihm einen Lehrstuhl für Psychologie zu übertragen, aber Gomperz meint, er könne auf der philosophischen Lehrkanzel auch Psychologie lesen. Der Beschluß der Berufung erfolgt einstimmig, mit der Stimme Zimmermanns, der seiner Gesinnung nach klerikal war und dem Machs liberale politische Überzeugung nicht gerade zusagte.

Nur zwei Jahre war es Mach vergönnt, das Amt in voller Kraft auszuüben. Im Jahre 1897 erlitt er einen Schlaganfall ohne Bewußtseinsverlust während einer Eisenbahnfahrt. Es blieb eine Lähmung der rechten Körperhälfte zurück.

Im Wintersemester 1897 nimmt er einen sechsmonatigen Urlaub, im März 1899 tritt er nochmals einen sechsmonatigen Urlaub an. Im Mai 1899 bittet er um Reduzierung seiner Vorlesungsstunden im Wintersemester 1899/1900 auf zwei in der Woche und um Enthebung von Rigorosen, Examen und Sitzungen[1].

Am 1. Mai 1901 sagt Mach seine Vorlesungen ab und gibt der Fakultät bekannt, daß er sein Pensionsgesuch eingereicht hat.

Unmittelbar vor diesem Schritt wurde ihm der Adelstitel angeboten, den er ablehnte. Diese Ehrung anzunehmen, widersprach seinen politischen Überzeugungen. Daraufhin wurde er zum lebenslänglichen Mitglied des Herrenhauses ernannt.

Als das Gesetz über den Neunstundentag im Jahre 1901 zur Abstimmung vorlag, ließ er sich im Krankenwagen zur Sitzung bringen, da die Annahme des Gesetzes von einigen wenigen Stimmen abhing. Dasselbe wiederholte sich im Jahre 1907 bei der Abstimmung über die Wahlreform[2].

Mach genoß großes Ansehen in der österreichischen Sozialdemokratie und durch Friedrich Adler war er nicht ohne Einfluß auf die Theoretiker dieser politischen Partei.

In seiner letztwilligen Verfügung war bestimmt, daß sein Begräbnis möglichst wenig kosten solle, dafür aber der Volksbildungsverein und das sozialdemokratische Organ Wiens, „Die Arbeiter-Zeitung", mit Geldzuwendungen bedacht werden mögen[2].

Nach der Revolution in Rußland 1905 fand sich ein Kreis von Intellektuellen in der russischen Sozialdemokratischen Partei der Bolscheviki — unter ihnen die bekannten Namen des Dichters Maxim Gorki und Lunatscharsky, die, von den Lehren Machs und Avenarius beeinflußt, die erkenntnistheoretischen und, wir würden auch sagen, die metaphysischen Grundlagen des Marxismus für erschüttert hielten.

Lenin sah darin mit Recht eine Gefahr für die Methoden und Ziele seiner Partei.

Wir müssen auch hier die titanische Leistung dieses großen Revolutionärs bewundern. Er begab sich nach London ins Britische Museum, studierte die gesamte einschlägige Literatur auf das Gründ-

---

[1] Briefliche Mitteilung von Herrn Goldinger aus dem österreichischen Staatsarchiv.

[2] Fr. Herneck, Wissenschaftliche Zeitschrift der Humboldt Universität zu Berlin, Mathematisch-Naturwissenschaftliche Reihe, Jg. VI (1956/57), Nr. 3, S. 217. „Über eine unveröffentlichte Selbstbiographie Ernst Machs."

lichste, beginnend von der Philosophie des 17. Jahrhunderts mit Gassendi, über das 18. Jahrhundert mit Berkeley, Hume, Kant, bis zur Gegenwart und ihrer Tagesliteratur. Ein Blick auf die benutzte Literatur gibt ein Bild davon. Und Lenin *hat gelesen*, das zeigt die Lektüre seines Buches.

Er liefert innerhalb eines Jahres unter dem Titel „Materialismus und Empiriokritizismus — kritische Bemerkungen über eine reaktionäre Philosophie" eine philosophische Streitschrift von der Schärfe der Polemik eines politischen Agitators in einer Massenversammlung und der Gründlichkeit und dem theoretischen Verständnis eines Stubengelehrten.

Mach erfährt von Lenins Kritik durch Friedrich Adler 1909, zwei Monate nach Erscheinen des Buches in Petersburg. Die Frau Friedrich Adlers, eine Russin, übersetzt mündlich teilweise das Buch ihrem Manne, der danach an Mach darüber berichtet[1].

Mach hat auf das Buch nie reagiert, teils wohl, weil es ihm damals aus sprachlichen Gründen unzugänglich war, teils weil es als eine vorwiegend parteipolitische Streitschrift seinen Interessen fern lag.

Wie Mach zu politischen Fragen Stellung nahm, in welchem Sinne und in welcher Weise, zeigt folgender Artikel in der „Neuen Freien Presse". Es ist der Geist des Humanismus und der Aufklärung, der aus den folgenden Zeilen spricht:

---

[1] Brief Friedrich Adlers aus Zürich vom 23. Juli 1909. Aus dem Nachlaß der Korrespondenz Ernst Machs im Ernst-Mach-Institut, Freiburg i. Br.

Die Rassenfrage

Von

Ernst Mach

(Aus „Neue Freie Presse" vom 24. Dezember 1907)

Ich soll mich über die Rassenfrage aussprechen? Das käme doch eher dem Historiker, Politiker, Statistiker, oder dem Anatomen, Anthropologen, Biologen zu, deren Qualitäten mir abgehen, deren eigenartige Studien ich nicht getrieben habe. Soll ich aber nur meine subjektive Ansicht sagen, die sich durch Beobachtung meiner Umgebung während eines langen Lebens mir aufgedrängt hat, so will ich mit derselben nicht zurückhalten.

Ja gewiß, die Rasse ist etwas, nicht nur beim Pferd und Hund, sondern auch beim Menschen. Ob jemand ein Romane oder ein Germane, ein Arier oder Semite ist, trägt er schon äußerlich zur Schau; ob er von den Eroberern, Unterdrückern, Beherrschern eines Landes und Volkes, oder von den Besiegten, Unterdrückten, Beherrschten, abstammt, spricht sich in seinem ganzen Gebaren aus, solange die Lebensweise, die Tradition und das Blut rein erhalten wird, und noch darüber hinaus. Hier beginnt aber schon die Schwierigkeit. Wer kontrolliert die Reinheit der Rassen behufs Charakterisierung derselben, namentlich in dem mit Rassen und Sprachen so gesegneten Österreich? In welcher Weise sich eine Rasse betätigt, hängt aber auch noch ab von deren Umgebung, von den Lebensbedingungen, von dem Spielraum, den sie vorfindet oder sich zu schaffen weiß. Wer wird einen ins Ghetto verbannten, allseitig schikanierten, und einen freien, in günstigen Verhältnissen lebenden Juden in eine Linie stellen? Töricht wäre es, die Abstammung für nichts zu achten, noch unbesonnener aber, im Sinne sanguinischer Heißsporne der modernsten Rassentheorie, alles auf die Abstammung zurückzuführen. Hätten wir nur, was die Abstammung uns geben kann, so wären wir alle nur Barbaren. Die individuelle Entwicklung ist ja nicht mit der Geburt abgeschlossen, denn gerade die intellektuelle und ethische Entwicklung kann hier erst beginnen. Jeder hat an sich erfahren, daß kein physisches, kein intellektuelles Erlebnis spurlos an ihm vorbeigeht; jeder kann abschätzen, welche reichen psychischen Erwerbungen er der kulturellen Umgebung, mitlebenden und längst entschwundenen Geschlechtern verdankt, die sein Denken, Fühlen und Wollen beeinflußt haben.

Wie können wir nun dazu gelangen, den intellektuellen und ethischen Wert einer Rasse abzuschätzen. Etwa dadurch, daß wir bei möglichst zahlreichen Vertretern der Rasse diese Schätzung vorzunehmen versuchen, um einigermaßen verläßliche Mittelwerte zu gewinnen. Man bestimmt also zum Beispiel die Zahl der Analphabeten, die Zahl der produzierten wissenschaftlichen, künstlerischen und anderer kulturellen Werte, die Arten der Berufe und die Zahl ihrer Vertreter, die Zahl der Verbrecher, usw. Wie dürftig ist aber das beste Bild, das wir auf diese Weise erhalten können! Man denke an die Zufälligkeiten bei Auswahl der Probeobjekte, an die vielen Fehlerquellen, namentlich in bezug auf Rassen, welchen noch wenig oder keine Gelegenheit geboten war, sich in manchen der untersuchten Richtungen zu betätigen. Erwägt man ferner das Fehlen hinreichend klarer und präziser Maß- und Vergleichsbegriffe für den bezeichneten Zweck, die Unmöglichkeiten, gerade das Wichtigste, die Qualität der Leistungen in Zahlen auszudrücken, so sieht man, daß auf diesem Wege nur eine Rassencharakteristik von etwas zweifelhafter Art zu gewinnen ist. Setzen wir aber auch voraus, die gefundenen Mittelwerte seien verläßlich, so geben uns diese ihrer Natur nach noch kein Recht, über das einzelne Individuum im voraus zu urteilen. Denn groß sind die persönlichen Variationen von Individuum zu Individuum innerhalb einer Rasse, oft weit größer als die Variationen der Mittelwerte von Rasse zu Rasse. Dies ist namentlich zu erwarten von Rassen, welche als Träger einer vieltausendjährigen Kultur die verschiedensten fremden Rassenelemente in sich aufgenommen haben.

Nicht jeder Jude ist ein Spinoza, K. G. J. Jacobi oder Heinrich Hertz, nicht jeder Germane ist Kant, Robert Mayer oder Helmholtz, nicht jeder Brite ein Newton, Faraday oder William Thomson, nicht jeder Franzose ein Descartes, Pascal oder Laplace. Gewiß ist aber, daß jede Rasse oder jeder Volksstamm, was ohne tiefgehende, umständliche, schwierige Untersuchungen kaum zu sondern ist, neben solchen höchsten Typen auch sehr minderwertige Vertreter aufzuweisen hat. Bei solchen Divergenzen ist es eine kaum lösbare Aufgabe, Rassen und Völker im Ganzen zu vergleichen und präzise gegeneinander abzuschätzen.

Das Zählen ist eine langweilige Sache, und da man ohnehin nicht allzuviel damit erreicht, so kann man sich versucht fühlen, Einzelerscheinungen auf sich wirken zu lassen, um durch ein kühnes Aperçu, allen Zufälligkeiten zum Trotz, unter Nichtachtung des ungeheuren individuellen Spielraumes, eine Bild der Rasse zu gewinnen. Was begeisterte Anhänger der Rassentheorie auf diese Weise leisten, ist ja bekannt. Man braucht nur in die Arier verliebt zu sein, um dem Chinesen einfach die Seele abzusprechen, obgleich auch Confuzius, Laotse, Licius und Mentius Chinesen waren, und obgleich der Chinese ein Konglomerat von mancherlei Völkerschaften ist. Daß auch die wissenschaftlichen Leistungen hervorragender jüdischer Forscher, weil sie in deutscher Sprache bekannt gemacht wurden, einfach den Ariern gutgeschrieben werden, ist nichts Ungewöhnliches. Wer aus irgendeinem Anlaß die Juden als Grund allen Übels betrachtet, kann uns einmal mit der verwunderlichen Nachricht von der Verjudung der Universitäten überraschen, in einem Reiche, welches zwar nach der klaren Gesetzesintention zu den konfessionell freien gehört, das aber darum seine althergebrachten vielhundertjährigen klerikalen Traditionen natürlich nicht an einem Tag abgelegt hat.

Man wird unter allen Umständen gut tun, mit den Urteilen über Rassen und der Übertragung derselben auf Individuen vorsichtig zu sein. Man beurteile den Menschen von Fall zu Fall. Dann ist man vor Irrtum zwar auch nicht geschützt, begeht aber doch nicht so schweres Unrecht wie mit den Kollektivurteilen über ganze Völker.

Der Rassenkampf unserer Tage wird nicht durch den Rechenstift des Statistikers, nicht durch wissenschaftliche oder philosophische Untersuchungen oder geniale künstlerische Intuition entschieden werden, sondern durch die Leistungen dieser Rassen. Und das ist ein Glück! Man müßte blind sein, wollte man den kulturellen Fortschritt, den wetteifernden, allseitigen Aufschwung verkennen, der heute schon aus dem Zwist der Rassen hervorgewachsen ist, wenn dieser Kampf auch in seinen einzelnen Auswüchsen einem Streben um Humanität auf dem Umwege über die Bestialität verzweifelt ähnlich sieht.

Das achtzehnte Jahrhundert, welches die allgemeinen Menschenrechte verkündet hat, war von seinem anderen Kampf in Anspruch genommen, vom Kampf um Ideen. Wenn gewisse Anzeichen glücklich gedeutet werden dürfen, wird das zwanzigste Jahrhundert diesen Kampf wieder aufnehmen. Jeder hat natürlich die größte Sympathie für das Volk, in dem er geboren, aufgewachsen und erzogen ist, ob dieses nun eine Rasse vorstellt oder ein Konglomerat, welches durch historische Umstände zusammengewachsen ist. Heute nun wird es dem freisinnigen Deutschen schon recht schwer, dem klerikalen, christlichsozialen oder antisemitischen Deutschen die vollen brüderlichen Gefühle entgegenzubringen. Denn, was hat er von einem blanken, nackten Deutschtum, ohne die deutsche Kultur, oder sogar gegen diese Kultur? Das wäre ja eine leere Äußerlichkeit, die durch die Erziehung in ein bis zwei Generationen gewonnen und auch wieder verloren wird. Ein solches Gut wäre ja überhaupt kaum eines Kampfes wert. Schon jetzt steht manchem freidenkenden Deutschen der freidenkende Tscheche, Jude, Franzose, Italiener, näher als mancher andere „Deutsche". Das Ergebnis solchen Kampfes um Ideen wird nicht dieser oder jener Rasse, diesem oder jenem Volke allein, sondern allen Völkern zugute kommen.

1905 erschien „Erkenntnis und Irrtum, Skizzen zur Psychologie der Forschung". Das Werk ist nach den Vorlesungen abgefaßt, die Mach im Jahre 1895/96 nach Übernahme des philosophischen Lehrstuhles in Wien über „Psychologie und Logik der Forschung" hielt. Mach selbst bezeichnet es als sein reifstes Werk. Zum großen Teil werden schon früher ausgesprochene Gedanken wiedergegeben.

Wieder betont er in der Einleitung seinen Standpunkt zur Philosophie.

„Obgleich ich mich nämlich stets für die Nachbargebiete meines Spezialfaches und auch für die Philosophie lebhaft interessierte, so konnte ich selbstverständlich manche dieser Gebiete, und so besonders das letztgenannte, doch nur als Sonntagsjäger durchstreifen ... Ich habe schon deshalb ausdrücklich erklärt, daß ich gar kein Philosoph, sondern nur Naturforscher bin. Wenn man mich trotzdem zuweilen, und in etwas zu lauter Weise, zu den ersteren gezählt hat, so bin *ich* dafür nicht verantwortlich. Selbstverständlich will ich aber kein Naturforscher sein, der sich blind der Führung eines einzelnen Philosophen anvertraut, so wie dies etwa ein Molière'scher Arzt von seinen Patienten erwartet und fordert."

Molière wurde von Mach mit besonderer Vorliebe gelesen; so läßt er noch von seinem Sohne Ludwig sich in den letzten Lebensjahren eine Molière-Ausgabe mit besonders großem Druck verschaffen, um sie selbst lesen zu können.

Nun geht aber Mach in diesem Werke, wie auch früher, in seinen Betrachtungen über die Fragen, die einen Naturforscher bewegen, weit hinaus. Er nimmt sogar zu soziologischen, ja politischen Fragen Stellung. So in dem Kapitel: „Die Entwicklung der Individualität in der natürlichen und kulturellen Umgebung."

Dort schreibt er: „Kunst und Wissenschaft, jede rechtliche und ethische, jede höhere geistige Kultur, kann nur in der geselligen Vereinigung gedeihen, wenn ein Teil für den anderen Lasten übernimmt. Mögen die ‚oberen Zehntausend' klar erkennen, was sie dem arbeitenden Volke schulden! Mögen Künstler und Forscher bedenken, daß es ein großer *gemeinsamer* und *gemeinsam erworbener* Besitz ist, den sie für diese verwalten und mehren!"

„Fortschritte der Kultur sind nur bei einem gewissen Übermute denkbar und können deshalb im allgemeinen nur von den teilweise entlasteten Menschen angeregt werden. Dies gilt für die materielle und für die geistige Kultur. Die letztere hat aber die köstliche Eigenschaft, daß ihre Verbreitung auf den belasteten Teil der Menschheit nicht zu hindern ist. Es kann also nicht fehlen, daß einmal dieser Teil der Menschen in der richtigen Erkenntnis der Verhältnisse gegen den herrschenden Teil Front macht und billigere, zweckmäßigere Verwendung des gemeinsamen Besitzes fordert."

In einer Fußnote dazu verweist er auf seinen Freund Josef Popper-Lynkeus und sein Werk „Das Recht zu leben und die Pflicht zu sterben". Poppers Bekenntnis zu den Idealen der Aufklärung teilt Mach vollkommen. Schon in der Mechanik ist die Bewunderung für das achtzehnte Jahrhundert deutlich ausgesprochen in dem Kapitel „Theologische, animistische und mystische Gesichtspunkte in der Mechanik".

Die soziologische und politische Stellungnahme Machs ist, so wie die seines Freundes Popper-Lynkeus, nur in diesem Zusammenhange zu verstehen.

Mach spricht von der Aufklärung als „unsere geistige Wiege". Klar formuliert ist das Bekenntnis zu den Idealen der Aufklärung im Schlußwort des 2. Abschnittes des 4. Kapitels der „Mechanik"; „Eine zureichende Weltanschauung kann uns nicht *geschenkt* werden, sondern wir müssen sie erwerben! Nur dann aber, wenn man dem Verstande und der Erfahrung freien Lauf läßt, wo sie *allein* zu entscheiden haben, werden wir uns hoffentlich zum Wohle der Menschheit langsam, allmählich, aber sicher, jenem Ideale einer *einheitlichen* Weltanschauung nähern, welches allein verträglich ist mit der Ökonomie eines gesunden Gemütes."

Der Begriff

Von

ERNST MACH

(Aus „Erkenntnis und Irrtum", 4. Auflage, 1920[1])

Es ist nun notwendig, den *Begriff als psychologisches Gebilde* näher in Augenschein zu nehmen. Wer sich gegenwärtig hält, daß er sich einen Menschen, der weder jung noch alt, weder groß noch klein ist, kurz einen allgemeinen Menschen nicht vorstellen kann, wer überlegt, daß jedes vorgestellte Dreieck entweder rechtwinklig, spitzwinklig oder stumpfwinklig, demnach kein allgemeines Dreieck ist, der kommt leicht zu dem Gedanken, daß solche psychische Gebilde, die wir Begriffe nennen, nicht existieren, daß es abstrakte Vorstellungen überhaupt nicht gibt, was mit besonderer Lebhaftigkeit insbesondere Berkeley verfochten hat. Diese Überlegung führt auch leicht zu der von Roscellinus vertretenen Ansicht, daß die allgemeinen Begriffe (Universalien) nicht als Sachen bestünden, sondern nur „flatus vocis" seien, während die Gegner seines „Nominalismus", die „Realisten", die allgemeine Begriffe in den Dingen begründet ansahen. Daß die allgemeinen Begriffe nicht *bloße* Worte seien, wie noch kürzlich ein geachteter Mathematiker behauptet hat, geht deutlich genug daraus hervor, daß sehr abstrakte Sätze *verstanden* und in konkreten Fällen *richtig angewendet* werden. Die unzähligen Anwendungen des Satzes: „Die Energie bleibt konstant" mögen ein Beispiel dafür abgeben. Man würde sich aber vergebens bemühen, beim Sprechen oder Hören dieses Satzes einen momentanen konkreten anschaulichen Vorstellungsinhalt im Bewußtsein zu finden, welcher den Sinn desselben vollständig *decken* würde. Diese Schwierigkeiten verschwinden, wenn wir dem Umstande Rechnung tragen, daß der Begriff kein *Augenblicksgebilde* ist, wie eine einfache konkrete sinnliche Vorstellung, wenn wir bedenken, daß jeder Begriff seine zuweilen recht lange und ereignisreiche psychologische Bildungsgeschichte hat, und daß sein Inhalt ebensowenig durch einen Augenblicksgedanken explizite dargelegt werden kann.

2. Man kann annehmen, daß ein Hase sich bald im Besitze der typischen Vorstellung eines Krautkopfes, eines Menschen, eines Hundes oder Rindes befindet, daß er durch den ersten angelockt wird,

---

[1] Die Wiedergabe der folgenden Texte von Ernst Mach (S. 104—132) erfolgt mit Genehmigung des Verlages J. A. Barth, Leipzig.

den zweiten und dritten flieht, gegen das vierte sich gleichgültig verhält, infolge der nächsten Assoziationen, welche sich an die betreffenden Wahrnehmungen oder die zugehörigen typischen Vorstellungen knüpfen. Je reicher aber die Erfahrung dieses Tieres wird, desto mehr *gemeinsame* Reaktionen der Objekte je *eines* dieser Typen werden ihm bekannt, Reaktionen, die nicht alle *zugleich* in seiner Vorstellung lebendig werden können. Wird das Tier durch ein Objekt angelockt, welches einem Krautkopf ähnlich ist, so wird sofort eine prüfende Tätigkeit ausgelöst; das Tier wird durch beschnuppern, benagen usw. sich überzeugen, ob das Objekt wirklich die bekannten erwarteten Reaktionen: Geruch, Geschmack, Konsistenz usw. darbietet. Durch eine menschenähnliche Vogelscheuche im ersten Moment erschreckt, kommt das aufmerksam beobachtende Tier bald zur Einsicht, daß hier wichtige Reaktionen des Typus Mensch, die Bewegung, die Ortsveränderung, das aggressive Verhalten usw. fehlen. Hier knüpfen sich schon an die typische Vorstellung zunächst *latent* oder *potentiell* die nach und nach aufgespeicherten Erinnerungen an eine Menge von Erfahrungen oder Reaktionen, welche bei einer prüfenden Tätigkeit auch nur nach und nach ins Bewußtsein treten können. Hierin scheint mir nun das charakteristische des Begriffs im Gegensatz zu einer individuellen Augenblicksvorstellung zu liegen. Die letztere entwickelt sich durch assoziative Bereicherung ganz allmählich zu ersterem, so daß wir einen kontinuierlichen Übergang vor uns haben. Ich glaube hiernach, daß man Anfänge der Begriffsbildung den höheren Tieren nicht absprechen kann.

3. Der Mensch bildet seine Begriffe in derselben Weise wie das Tier, wird aber durch die Sprache und durch den Verkehr mit den Genossen, welche beide Mittel dem Tier nur geringe Hilfe leisten, mächtig unterstützt. In dem *Wort* besitzt er eine sinnlich allgemein faßbare Etikette des Begriffes, auch in Fällen, in welchen die typische Vorstellung unzureichend wird oder überhaupt nicht mehr existiert. Ein Wort deckt allerdings nicht immer einen Begriff. Kinder und jugendliche Völker, die noch einen geringen Vorrat von Wörtern haben, gebrauchen *ein* Wort zur Bezeichnung einer Sache oder eines Vorganges, bei nächster Gelegenheit aber zur Bezeichnung einer anderen Sache, oder eines anderen Vorganges, welche mit ersteren irgendeine *Ähnlichkeit der Reaktion* darbieten. Dadurch schwankt und wechselt die Bedeutung der Worte. Unter gegebenen Umständen ist aber die Zahl der *biologisch wichtigen* Reaktion, auf welche die überwiegende Mehrheit achtet, eine *geringe*, und dadurch wird der Gebrauch der

Worte wieder stabilisiert. Jedes Wort dient dann zur Bezeichnung *einer* Klasse von Objekten (Sachen oder Vorgängen) *bestimmter* Reaktion. Die Mannigfaltigkeit der *biologisch wichtigen* Reaktionen ist viel *geringer* als die Mannigfaltigkeit des Tatsächlichen. Dadurch wurde der Mensch zuerst in die Lage versetzt, das Tatsächliche *begrifflich* zu *klassifizieren.* Dies Verhältnis bleibt bestehen, wenn ein Stand oder ein Beruf einem Tatsachengebiet den Blick zuwendet, welches kein *unmittelbares* biologisches Interesse mehr darbietet. Auch da ist die Mannigfaltigkeit der für den besonderen Zweck *wichtigen* Reaktionen geringer als die Mannigfaltigkeit des Tatsächlichen. Die Reaktionen sind aber jetzt *andere,* als in dem früheren Falle, weshalb jeder Stand oder Beruf seine eigene begriffliche Klassifikation vornimmt. Der Handwerker, der Arzt, der Jurist, der Techniker, der Naturforscher bildet seine eigenen Begriffe, gibt den Worten durch umschreibende Einschränkung (Definition) eine von der Vulgärsprache verschiedene, engere Bedeutung, oder wählt zur Begriffsbezeichnung gar neue Worte. Ein solches, etwa naturwissenschaftliches Begriffswort hat nun den Zweck, an die Verbindung aller in der Definition bezeichneten Reaktionen des definierten Objektes zu erinnern, und diese Erinnerung wie an einem Faden ins Bewußtsein zu ziehen. Man denke etwa an die Definition des Wasserstoffes, der Bewegungsquantität eines mechanischen Systems, oder des Potentials in einem Punkt. Natürlich kann jede Definition wieder Begriffe enthalten, so daß erst die letzten, *untersten* begrifflichen Bausteine in sinnenfällige Reaktionen als deren Merkmale aufgelöst werden können. Wie schnell und wie leicht eine solche Auflösung gelingt, hängt von der genauen Kenntnis und *Geläufigkeit* des Begriffes ab, und wieweit sie notwendig ist, wird durch den verfolgten Zweck bestimmt. Überlegt man, wie diese Begriffe sich gebildet haben, daß Jahre und Jahrhunderte an deren Bildung gearbeitet haben, so wird man sich nicht wundern, daß deren Inhalt nicht durch eine individuelle Augenblicksvorstellung zu erschöpfen ist.

4. Welche Begriffe zu bilden und wie dieselben gegeneinander abzugrenzen sind, darüber hat nur das praktische oder wissenschaftliche *Bedürfnis* zu entscheiden. In die *Definition* werden die Reaktionen aufgenommen, welche zur Bestimmung des Begriffes hinreichen. Andere Reaktionen, von denen es schon bekannt und geläufig ist, daß sie an die in den Definitionen enthaltenen unabänderlich gebunden sind, braucht man nicht besonders anzuführen. Die Definition würde dadurch nur mit Überflüssigem belastet. Es kann aber allerdings vor-

kommen, daß die Auffindung solcher weiterer Reaktionen eine Entdeckung vorstellt. Bestimmen die neuen Reaktionen für sich allein ebenfalls den Begriff, so können dieselben gleichfalls zur Definition dienen. Wir definieren den Kreis als die ebene Kurve, deren sämtliche Punkte von einem bestimmten Punkte gleichen Abstand haben. Andere Eigenschaften des Kreises zählen wir nicht auf, z. B. die Gleichheit der Peripheriewinkel über *einem* beliebigen Bogen, das konstante Verhältnis der Abstände eines jeden Kurvenpunktes von zwei bestimmten Punkten seiner Ebene usw. Jede der beiden genannten Eigenschaften für sich allein definiert aber ebenfalls den Kreis. *Dieselbe* Tatsache oder Gruppe von Tatsachen kann nach Umständen das Interesse und die Aufmerksamkeit auf verschiedene Reaktionen, auf verschiedene Begriffe leiten. Ein Kreis kann als Durchmesser projektivischer Büschel, als Kurve von konstanter Krümmung, ein kreisförmiger Faden als Kurve gleicher Spannung, als Umfang der eingeschlossenen Fläche usw. in Betracht kommen. Einen Eisenkörper können wir ansehen als Komplex von Sinnesempfindungen, als Gewicht, als Masse, als Wärme- und Elektrizitätsleiter, als Magneten, als starren oder elastischen Körper, als chemisches Element usw.

5. Jeder Beruf hat seine eigenen Begriffe. Der Musiker liest seine Partitur, so wie der Jurist seine Gesetze, der Apotheker seine Rezepte, der Koch sein Kochbuch, der Mathematiker oder Physiker seine Abhandlung liest. Was für den berufsfremden ein leeres Wort oder Zeichen ist, hat für den Fachmann einen ganz bestimmten Sinn, enthält für ihn die Anweisung zu genau begrenzten psychischen oder physischen Tätigkeiten, welche ein psychisches oder physisches Objekt von ebenso umschriebener Reaktion in der Vorstellung zu erzeugen oder vor die Sinne zu stellen vermag, *wenn* er die betreffenden Tätigkeiten *wirklich* ausführt. Hierzu ist aber unerläßlich, daß er die genannten Tätigkeiten *wirklich geübt*, und sich in denselben die nötige Geläufigkeit erworben, daß er in dem Beruf *mitgelebt* hat. Bloße Lektüre erzieht ebensowenig einen Fachmann, wie das bloße Anhören einer noch so guten Vorlesung. Es fehlt da jede Nötigung zur Prüfung der aufgenommenen Begriffe auf ihre Richtigkeit, die bei direkter Berührung mit den Tatsachen im Laboratorium durch die empfindlichen begangenen Fehler sich sofort einstellt.

Begriffe, welche auf durch Hörensagen unvollständig und oberflächlich bekannte Tatsachen gegründet sind, gleichen Gebäuden aus morschem Material, die bei der ersten Störung haltlos zusammenstürzen. Ungeduldiges Drängen zu verfrühter Abstraktion[1] beim Unterricht kann deshalb nur schädlich wirken. So entstandene Begriffe enthalten potentiell nur schlecht umschriebene und schattenhafte Individualbilder, die besonders leicht zu Irrtum verführen werden.

6. Am deutlichsten offenbart sich die Natur des Begriffes demjenigen, der eben anfängt, das Gebiet einer Wissenschaft zu beherrschen. Die Kenntnis der zugrunde liegenden Tatsachen hat er sich nicht instinktiv angeeignet, sondern er hat aufmerksam, sorgfältig und absichtlich beobachtet. Von den Tatsachen zu den Begriffen und umgekehrt hat er den Weg oft zurückgelegt, und dieser ist ihm in lebhafter Erinnerung, so daß er ihn jederzeit zu durchschreiten und auf jedem Punkte zu verweilen imstande ist. Anders verhält es sich mit den weniger bestimmten Begriffen, welche von den Worten der Vulgärsprache bezeichnet werden[2]. Hier hat sich alles instinktiv ohne unser absichtliches Zutun ergeben, sowohl die Kenntnis der Tatsachen als auch die Begrenzung der Bedeutung der Worte. Durch vielfache Übung ist uns das Sprechen, Hören und Verstehen der Sprache so geläufig geworden, daß alles beinahe automatisch verläuft. Wir halten uns bei der Analyse der Bedeutung der Worte nicht mehr auf, und die sinnlichen Vorstellungen, welche der Rede zugrunde liegen, treten kaum in Andeutungen oder gar nicht mehr ins Bewußtsein. Kein Wunder also, daß ein Mensch, plötzlich gefragt, was er bei einem Worte, namentlich von abstrakter Bedeutung, in seinem Bewußtsein vorfindet, sehr oft antwortet: „Nichts als das

---

[1] Ich hatte selbst Gelegenheit, mich von der Nutzlosigkeit des Drängens zur Abstraktion zu überzeugen. Kinder, welche recht gut kleine Mengen oder Gruppen von Objekten auffassen und unterscheiden, auch auf die Frage: „wie viele Nüsse sind drei Nüsse und zwei Nüsse?" rasch und richtig antworten, werden durch die Frage: „wieviel ist zwei und drei" in Verlegenheit gesetzt. Einige Tage später tritt die Abstraktion ganz von selbst ein.

[2] Ich schenkte meinem Jungen im Alter zwischen vier und fünf Jahren ein Kistchen mit Holzmodellen geometrischer Körper, die ich benannte, aber natürlich nicht definierte. Seine Anschauung wurde dadurch sehr bereichert und seine Phantasie so gestärkt, daß er, ohne das Modell zu *sehen*, z. B. die Ecken, Kanten und Flächen eines Würfels oder Tetraeders herzählen konnte. Auch zur Beschreibung seiner kleinen Beobachtungen benützte er die neuen Anschauungen und Namen. So nannte er eine Wurst einen krummen Zylinder. Geometrische Begriffe hatte aber der Junge doch noch nicht. Der Zylinder müßte ganz anders als üblich definiert werden, um die Wurstform als Spezialfall zu umfassen.

Wort!"[1] Eine Phrase braucht aber nur Zweifel oder Widerspruch zu erregen, so holen wir sofort das an das Wort geknüpfte potentielle Wissen aus der Tiefe der Erinnerung hervor. Man lernt eben sprechen und die Sprache verstehen, so wie man gehen lernt. Die einzelnen Momente einer geläufigen Tätigkeit werden für das Bewußtsein verwischt. Wenn nun ein tüchtiger Gelehrter den Ausspruch tut: „Ein Begriff ist nur ein Wort", so beruht dies gewiß auf mangelhafter psychologischer Selbstbeobachtung. Er verwendet die Begriffsworte infolge langer Übung richtig, so wie wir Löffel, Gabel, Schlüssel und Feder richtig verwenden, fast ohne daß uns deren langsam erlernter Gebrauch bewußt wird. Er *kann* das potentielle Wissen des Begriffs erwecken, ist aber dazu nicht mehr *genötigt*.

7. Betrachten wir nun doch etwas genauer den Prozeß der *Abstraktion*, durch welchen Begriffe zustande kommen. Die Dinge (Körper) sind für uns verhältnismäßig stabile Komplexe von aneinander gebundenen, voneinander abhängigen Sinnesempfindungen. Nicht alle Elemente dieses Komplexes sind aber von gleicher biologischer Wichtigkeit. Ein Vogel nährt sich z. B. von roten, süßen Beeren. Die für ihn biologisch wichtige Empfindung „süß", für welche sein Organismus in *angeborener* Weise eingestellt ist, hat zur Folge, daß derselbe Organismus die *assoziative* Einstellung auf das auffallende und fernwirkende Merkmal „rot" *erwirbt*. Mit anderen Worten: Der Organismus wird für die beiden Elemente süß und rot mit einer viel empfindlicheren Reaktion ausgestattet, es wird denselben vorzugsweise die Aufmerksamkeit zugewendet, dagegen von anderen Elementen des Komplexes Beere abgewendet. In dieser Teilung der Einstellung, des Interesses, der Aufmerksamkeit besteht nun wesentlich der Prozeß der *Abstraktion*. Dieser Prozeß bedingt es, daß in dem *Erinnerungsbild* Beere nicht alle Empfindungsmerkmale des sinnlich physischen Komplexes Beere in gleicher Stärke ausgeprägt sind, wodurch sich das erstere schon der Eigentümlichkeit des *Begriffes* nähert. Selbst die beiden beachteten sinnlichen Merkmale süß und rot können in dem physischen Komplex Beere noch in sehr beträchtlichem Spielraum variieren — man denke z. B. an die Variation der Wellenlängen

---

[1] Vgl. die statistische Datensammlung bei Ribot, a. a. O., S. 131—145. Ribot bringt bezüglich des „type auditif", S. 139, die ansprechende Hypothese vor, daß derselbe in der Zeit des mittelalterlichen mündlichen Unterrichts und der damals üblichen mündlichen Disputationen vielleicht vorherrschend war, und daß diesem Umstand der Ausdruck „flatus vocis" seinen Ursprung verdankt.

und Farben des Spektrums, die wir sämtlich als rot bezeichnen — ohne daß das psychische Gebilde Beere hievon Notiz nimmt. Wir können eben annehmen, daß alle mit dem Worte rot bezeichneten Empfindungsvariationen oder Empfindungsmischungen durch den einfachen, vielleicht einmal isolierbaren physiologischen Grundempfindungsprozeß rot vorzugsweise charakterisiert sind[1]. So entspricht also schon in so primitiven Fällen der unerschöpflichen sinnlich-physischen Mannigfaltigkeit eine sehr eingeschränkte gleichmäßige, sinnlich-psychische Reaktion und hiermit eine entschiedene Tendenz zur begrifflichen Schematisierung.

8. Denken wir uns die in einer Gegend wachsenden, genießbaren und ungenießbaren Beerenarten zahlreicher und schwerer unterscheidbar, so müssen die *leitenden* Erinnerungsbilder an Merkmalen reicher und mannigfaltiger werden. Für den primitiven Menschen schon kann sich sogar die Notwendigkeit ergeben, besondere mit klar bewußter Absicht auszuführende Proben, Prüfungsmittel im Gedächtnis zu behalten, um brauchbare von unbrauchbaren Objekten zu unterscheiden, wenn die bloße sinnliche Betrachtung hierzu nicht mehr ausreicht. Dies ist besonders der Fall, sobald an die Stelle der wenigen einfachen, unmittelbaren biologischen Ziele, wie Beschaffung der Nahrung usw., die viel zahlreicheren und mannigfaltigeren technischen und wissenschaftlichen Zwischenziele treten. Hier sehen wir den Begriff von seinem einfachsten Rudiment bis zur höchsten Stufe, dem wissenschaftlichen Begriff, sich entwickeln, wobei jede höhere Stufe die tieferen als Grundlage benützt.

9. Auf der höchsten Stufe der Entwicklung ist der *Begriff*, das an das *Wort*, den Terminus, gebundene *Bewußtsein* von den *Reaktionen*, die man von der bezeichneten Klasse von Objekten (Tatsachen) zu erwarten hat. Nur allmählich und nacheinander können aber die Reaktionen und die oft komplizierten psychischen und physischen Tätigkeiten, durch welche erstere hervorgerufen werden, als *anschauliche* Vorstellung hervortreten. Man kann eine genießbare Frucht durch Farbe, Geruch und Geschmack erkennen. Daß aber Walfisch und Delphin zur Klasse der Säuger gehören, läßt sich nicht durch den Anblick, sondern nur durch eine eingehende anatomische Untersuchung feststellen. Ein Blick kann oft über den biologischen Wert

---

[1] Man kann also ganz wohl sagen, daß die einfachen Empfindungen Abstraktionen sind, darf aber darum noch nicht behaupten, daß denselben kein tatsächlicher Vorgang zugrunde liegt. Man denke an Druck und Beschleunigung.

eines Objektes entscheiden. Ob aber ein mechanisches System einen Gleichgewichts- oder Bewegungsfall vorstellt, kann nur durch eine komplizierte Tätigkeit entschieden werden. Man mißt alle Kräfte und alle zugehörigen miteinander verträglichen kleinen Verschiebungen im Sinne der Kräfte, multipliziert jede Maßzahl der Kraft mit der Maßzahl der zugehörigen Verschiebung und summiert diese Produkte. Ergibt diese Summe, d. h. die *Arbeit*, mit Rücksicht auf die Zeichen der Produkte, den Wert Null oder einen negativen Wert, so hat man einen Gleichgewichtsfall vor sich, wenn dies nicht zutrifft, einen Bewegungsfall. Natürlich hat die Entwicklung des Begriffes Arbeit eine lange Geschichte, welche mit dem Studium der einfachsten Fälle (Hebel usw.) beginnt, welche von der naheliegenden Bemerkung ausgeht, daß nicht nur die Gewichte, sondern auch die Verschiebungsgrößen auf den Vorgang von Einfluß sind. Wer aber das Bewußtsein hat, daß er die genannte Prüfung jederzeit korrekt *ausführen* kann, wer weiß, daß der Gleichgewichtsfall mit der Summe Null, der dynamische Fall mit einer positiven Summe auf diese Prüfung reagiert, der *besitzt* den Begriff *Arbeit* und kann durch denselben den statischen und dynamischen Fall unterscheiden. So läßt sich jeder physikalische oder chemische Begriff darlegen. Das Objekt entspricht dem Begriff, wenn es auf Ausführung einer Prüfung, die man im Sinne hat, die erwartete Reaktion gibt. Die Prüfung kann je nach den Umständen im bloßen Beschauen oder in einer verwickelten psychischen oder technischen Operation, die hierauf erfolgende Reaktion in einer einfachen Sinnesempfindung oder in einem komplizierten Vorgang bestehen.

10. Dem Begriff fehlt die unmittelbare Anschaulichkeit aus zwei Gründen. Erstens umfaßt derselbe eine ganze Klasse von Objekten (Tatsachen), deren Individuen nicht auf einmal vorgestellt werden können. Dann sind die gemeinsamen Merkmale der Individuen, um die es sich im Begriff allein handelt, in der Regel solche, zu deren Kenntnis wir im Verlaufe der Zeit nacheinander gelangen und deren anschauliche Vergegenwärtigung ebenfalls beträchtliche Zeit in Anspruch nimmt. Das Gefühl der *Geläufigkeit* und sicheren *Reproduzierbarkeit*, der *potentiellen Anschaulichkeit* muß hier die aktuelle Anschaulichkeit ersetzen. Eben diese beiden Umstände machen aber den Begriff wissenschaftlich so wertvoll und geeignet, große Gebiete von Tatsachen in Gedanken zu *repräsentieren* und zu *symbolisieren*. Der *Zweck* des Begriffes ist es, in der verwirrenden Verwicklung der Tatsachen sich zurecht zu finden.

11. So wie es biologisch wichtig ist, durch Beobachtung den Zusammenhang von Reaktionen — Aussehen einer Frucht und deren Nährwert — zu konstatieren, so geht auch jede Naturwissenschaft darauf aus, *Beständigkeit* des Zusammenhanges oder der *Verbindung der Reaktionen*, der *Abhängigkeit der Reaktionen voneinander* aufzufinden. Eine Klasse von Objekten (ein Tatsachengebiet) A gibt z. B. die Reaktionen a, b, c. Weitere Beobachtung lehrt etwa noch die Reaktion d, e, f kennen. Wenn es sich nun zeigt, daß a, b, c das Objekt A für sich allein eindeutig charakterisiert, so ist damit die Verbindung der Reaktion a, b, c mit der Reaktion d, e, f an dem Objekt A festgestellt. Es verhält sich hier ähnlich wie bei einem Dreieck, das durch die beiden Seiten a, b und den eingeschlossenen Winkel γ, ebensowohl aber durch die dritte Seite c und die beiden Winkel α, β bestimmt sein kann, woraus folgt, daß am Dreieck letztere Trias an erstere gebunden und aus derselben ableitbar ist. Der Zustand einer gegebenen Gasmasse ist durch das Volumen v und den Druck p, aber auch durch das Volumen v und die absolute Temperatur T bestimmt. Demnach besteht zwischen den drei Bestimmungsstücken p, T, v eine Gleichung ($pv/T =$ konst.), welche jede der drei Größen aus den beiden anderen Bestimmungsstücken des Gases abzuleiten erlaubt. Als weitere Beispiele der Abhängigkeit der Reaktionen voneinander mögen die Sätze dienen: „In einem System, das bloße *Leitungsvorgänge* zuläßt, bleibt die *Wärmemenge* konstant." — „In einem mechanischen System ohne *Reibung* ist die Änderung der *lebendigen Kraft* in einem Zeitelement durch die in demselben Zeitelement geleistete *Arbeit* bestimmt." — „*Derselbe* Körper, welcher mit Chlor *Kochsalz* erzeugt, bildet mit Schwefelsäure *Glaubersalz*."

12. Die Bedeutung der begrifflichen Fassung für die wissenschaftliche Forschung ergibt sich leicht. Durch Unterordnung einer Tatsache unter einen Begriff *vereinfachen* wir dieselbe, indem wir alle für den verfolgten Zweck wesentlichen Merkmale außer acht lassen. Zugleich *bereichern* wir aber dieselbe durch Zuteilung aller Merkmale der Klasse. Die beiden erwähnten ordnenden, vereinfachenden ökonomischen Motive der *Permanenz* und der *zureichenden Differenzierung* können erst am begrifflich gegliederten Stoff recht zur Geltung kommen.

13. Wem der Begriff als ein luftiges Idealgebilde erscheint, dem nichts Tatsächliches entspricht, mag folgende Überlegung anstellen. Als selbständige physische „Sachen" bestehen die abstrakten Begriffe

allerdings nicht. Allein wir *reagieren* tatsächlich auf Objekte derselben Begriffsklasse *psycho-physiologisch* in gleicher, auf Objekte verschiedener Klasse in verschiedener Weise, wie dies besonders deutlich wird, wenn es sich um biologisch wichtige Objekte handelt. Die *Empfindungselemente*, auf welche sich die Begriffsmerkmale in letzter Linie zurückführen lassen, sind *physische* und *psychische* Tatsachen. Die Beständigkeit der *Verbindung* der Reaktionen aber, welche die physikalischen Sätze darlegen, sind die *höchste Substanzialität*, welche die Forschung bisher enthüllen konnte, beständiger als alles, was man Substanz genannt hat. Der Gehalt der Begriffe an tatsächlichen Elementen darf uns aber doch nicht verführen, diese psychischen Gebilde, welche einer Korrektur immer noch fähig und auch bedürftig sind, mit den darzustellenden Tatsachen selbst zu identifizieren.

14. Unser Leib, und namentlich unser Bewußtsein, ist ein verhältnismäßig abgeschlossenes, isoliertes System von Tatsachen. Dieses System antwortet auf die Vorgänge in der physikalischen Umgebung nur in einem beschränkteren Spielraum, und nach wenigen Richtungen. Es verhält sich ähnlich wie ein Thermometer, das nur auf Wärmevorgänge, wie ein Galvanometer, das nur auf Stromvorgänge reagiert, kurz, ähnlich wie ein nicht sehr vollkommener physikalischer Apparat. Was uns nun auf den ersten Blick als ein Mangel erscheint: die geringe Verschiedenheit der Reaktion auf große und vielseitige Variationen in der physikalischen Umgebung, das ermöglicht die *erste rohe* begriffliche Klassifikation der Vorgänge in der Umgebung, welche durch fortgesetzte Korrekturen an Feinheit gewinnt. Schließlich lernen wir die Eigentümlichkeiten, die Konstanten und Fehlerquellen des Bewußtseinsapparates ebenso berücksichtigen und eliminieren, wie jene anderer Apparate. Wir sind *ebensolche* Dinge, wie die Dinge der *physikalischen* Umgebung, die wir durch *uns selbst* auch kennen lernen.

15. Die maßgebende Rolle der Abstraktion bei der Forschung liegt auf der Hand. Es ist weder möglich, alle Einzelheiten einer Erscheinung zu beachten, noch hätte dies einen gesunden Sinn. Wir beachten eben die Umstände, die für uns ein *Interesse* haben und diejenigen, von welchen erstere *abhängig* zu sein scheinen. Die erste Aufgabe, die sich dem Forscher darbietet, ist es also, durch Vergleichung verschiedener Fälle die *voneinander* abhängigen Umstände in seinen Gedanken *hervorzuheben*, und alles, wovon das Untersuchte *unabhängig* scheint, als für den vorliegenden Zweck nebensächlich oder gleichgültig *auszusondern*. In der Tat ergeben sich die wichtigsten Ent-

deckungen durch diesen Prozeß der *Abstraktion*. Dies hebt Apelt[1] trefflich hervor, indem er sagt: „Das *zusammengesetzte Besondere* steht immer *früher* vor unserem Bewußtsein als das *einfachere Allgemeine*. In den abgesonderten Besitz des letzteren kommt der Verstand immer erst durch Abstraktion. Die Abstraktion ist daher die Methode der *Aufsuchung der Prinzipien*." Diese Ansicht vertritt Apelt insbesondere in bezug auf das Trägheitsgesetz und das Gesetz der Relativität der Bewegung, die wir hier gleich als Beispiele der Entdeckung durch Abstraktion näher betrachten wollen. Zur vollen Erkenntnis des Trägheitsgesetzes ist Galilei sehr spät und durch allerlei Umwege gelangt. Nachdem Apelt[2] dies besprochen, sagt er: „Wie und wann aber auch Galilei darauf gekommen sein mag, so ist doch soviel gewiß, daß die Erkenntnis dieses Gesetzes nicht, wie Whewell zu zeigen sich bemüht, der Induktion, sondern der Abstraktion ihren Ursprung verdankt." Whewell[3] spricht allerdings von der „Induktion, welcher das erste Gesetz der Bewegung seinen Ursprung verdankt", allein er erwähnt sofort die Kreiselexperimente von Hooke mit *successive vermindertem* Widerstand, und sagt dann: „Die allgemeine Regel wurde aus dem konkreten Experiment herausgezogen." Whewell scheint also trotz des unpassend gewählten Ausdruckes *derselben* Ansicht zu sein wie Apelt, nur daß er die Wichtigkeit der Bekanntschaft mit *verschiedenen Fällen* als Vorbedingung der Abstraktion *weit besser* hervorhebt als Apelt. Im übrigen nehmen beide a priori gegebene Verstandesbegriffe an, und beide werden dadurch zu sonderbaren, unnötigen, gezwungenen Auffassungen verführt. Apelt[4] scheint das Trägheitsgesetz selbstverständlich(!), es leuchtet von selbst ein, wenn man nur den „richtigen" Begriff von Materie mitbringt, deren Grundeigenschaft die „Leblosigkeit" ist, welche Veränderung durch andere als „äußere Einwirkung" ausschließt. Auch Whewell[5] führt das Trägheitsgesetz darauf zurück, daß nichts ohne Ursache(!) geschehen kann. Wäre der Mensch nicht vorzugsweise ein psychologisches, sondern ein *logisches* Wesen, so hätte sich die Abstraktion, welche zum Trägheitsgesetz führt, wie ich ander-

---

[1] APELT, Die Theorie der Induktion, Leipzig 1854, S. 59.
[2] A. a. O., S. 60.
[3] WHEWELL, Geschichte der induktiven Wissenschaften. Deutsch von J. J. v. LITTROW. Stuttgart 1840, II, S. 31.
[4] APELT, a. a. O., S. 60, 61.
[5] WHEWELL, The Philosophy of Inductive Sciences. London 1847, I, S. 216.

wärts[1] gezeigt habe, in sehr einfacher Weise ergeben. Sind einmal die Kräfte als *beschleunigungsbestimmende* Umstände anerkannt, so folgt sofort, daß *ohne* Kräfte nur *unbeschleunigte*, also geradlinige und gleichförmige Bewegungen denkbar sind. Die Geschichte, und selbst heutige Diskussionen lehren geradezu pleonastisch, daß sich das Denken nicht von selbst in so glatten logischen Bahnen bewegt; gehäufte variierte Fälle, allerlei Schwierigkeiten, bei sich durchkreuzenden und widersprechenden Überlegungen, müssen die Abstraktion beinahe *erzwingen*. Whewell[2] bemerkt richtig, daß ein Bewegungsfall ohne Kräfte in Wirklichkeit nicht vorkommt. Indem also die Wissenschaft abstrahiert, *idealisiert* sie auch ihre Objekte. Zur Charakteristik von Apelts Standpunkt diene noch folgende Stelle: „Niemand ist dem *Grundsatze der Relativität aller Bewegung* vielleicht näher gekommen als Kepler bei den zahlreichen Umformungen seiner Konstruktionen aus dem einen in das andere Weltsystem, aber das Verdienst, dieses Gesetz zuerst erkannt zu haben, gebührt Galilei. Und wie und wodurch hat er es erkannt? Nicht durch reinen Beweis aus Tatsachen, sondern durch bloßes Nachdenken über die Natur der Bewegung(!) und über das Verhältnis unserer Beobachtung der Bewegung zum Raum(!), der selbst zwar ein Gegenstand der einen Anschauung, aber dennoch kein Gegenstand der Beobachtung für uns ist." „Der Grundsatz der Relativität aller Bewegung dagegen kann nur eingesehen, aber nicht bewiesen werden: Man ist von seiner Wahrheit unmittelbar überzeugt, sobald man ihn in abstracto gefaßt und verstanden hat, ohne daß er eines anderen Satzes weder zu seinem Verständnis noch zu seiner Begründung bedürfte." Deshalb, meint Apelt, konnte wohl der abstrahierende Galilei, nicht aber der induzierende Kepler den Grundsatz finden. Ich bin nun der Meinung, daß Galilei den fraglichen Grundsatz allerdings durch *Abstraktion* erkannt hat, aber durch *Vergleichung beobachteter Fälle*. Nachdem er die Bewegung frei fallender Körper durchschaut und analysiert hatte, mußte ihm auffallen, daß die Fallbewegung neben einem ruhenden Turm ebenso vorzugehen scheint, wie die Fallbewegung neben dem Mastbaum eines schnell bewegten Bootes für den Beobachter auf demselben, wodurch sich zunächst die bekannte Auffassung der Wurfbewegung als Kombination einer gleichförmigen Horizontal-

---

[1] Die Mechanik in ihrer Entwicklung, 5. Auflage, 1904, S. 140—143.
[2] WHEWELL, Geschichte usw., II, S. 31, und WOHLWILL, Galilei und sein Kampf für die Kopernikanische Lehre. Hamburg 1909.

bewegung mit einer beschleunigten Fallbewegung ergab. Die weiteren Verallgemeinerungen und Anwendungen bereiteten keine Schwierigkeiten mehr. — Apelt[1] hat sogar die Neigung, Galileis Entdeckung des Fallgesetzes für eine deduktive zu halten. Aus Galileis Schriften geht aber deutlich hervor, daß er die Form des Fallgesetzes als Hypothese aufgestellt, vermutet, richtig erraten und durch das *Experiment* bestätigt hat. Eben indem er sich auf die *Beobachtung* stützt, wird Galilei zum Begründer der *modernen* Physik.

16. Newtons in den Prinzipien aufgestellte „leges motus", auf die wir noch an einem anderen Orte zurückkommen, sind überhaupt vorzügliche Beispiele der Entdeckung durch Abstraktion. Lex I (Trägheitsgesetz) wurde schon berührt. Wenn wir von der Tautologie in Lex II (mutationem motus proportionalem esse vi motrici impressae) absehen, so steckt hier noch ein nicht ausdrücklich hervorgehobener Inhalt, der gerade die *wichtigste* durch Abstraktion gewonnene Entdeckung vorstellt. Es ist dies die Voraussetzung, daß alle *bewegungs*bestimmenden Umstände („Kräfte") *beschleunigungs*bestimmend sind. Wie kam man zu dieser Abstraktion, nachdem ein direkter Nachweis durch Galilei nur für die Schwere geliefert war? Woher wußte man, daß dies auch für elektrische und magnetische Kräfte gilt? Man mochte wohl denken: Allen Kräften gemeinsam ist der *Druck*, falls die Bewegung verhindert wird; der Druck wird immer dieselben Folgen haben, woher derselbe auch rühren mag; was für *einen Druck* gilt, wird auch für den *anderen* gelten. Diese Doppelvorstellung von der Kraft, als beschleunigungsbestimmend und als Druck, scheint mir auch die psychologische Quelle der Tautologie zu sein in dem Ausdrucke von Lex II. Ich glaube übrigens, daß man solche Abstraktionen nur richtig würdigt, wenn man dieselben als ein *intellektuelles Wagnis* anfaßt, das durch den *Erfolg* gerechtfertigt wird. Wer garantiert uns, daß wir bei unseren Abstraktionen die *richtigen* Umstände beachten, und gerade die gleichgültigen unbeachtet lassen? Der geniale Intellekt unterscheidet sich von dem normalen eben durch die rasche und sichere *Voraussicht des Erfolges* einer intellektuellen Maßregel. In diesem Zuge gleichen sich große Forscher, Künstler, Erfinder, Organisatoren usw.

Um mit unseren Beispielen nicht bloß auf dem Gebiete der Mechanik zu bleiben, betrachten wir Newtons Entdeckung der Dispersion des Lichtes. Neben der *feineren Unterscheidung* von Lichtern verschie-

---

[1] APELT, a. a. O., S. 62, 63.

dener Farbe und ungleicher Buchungsexponenten im weißen Licht, hat Newton das Licht auch zuerst als aus verschiedenen *voneinander unabhängigen* Strahlungen bestehend erkannt. Der zweite Teil der Entdeckung scheint durch Abstraktion, der erste durch den entgegengesetzten Prozeß gewonnen zu sein; allein beide beruhen auf der Fähigkeit und Freiheit, die Umstände nach Belieben und Zweckmäßigkeit zu *beachten* oder *außer acht* zu lassen. Newtons unabhängige Lichtstrahlungen haben eine ähnliche Bedeutung, wie die Unabhängigkeit der Bewegungen voneinander, die Prevot'schen unabhängigen Wärmestrahlungen, welche zur Erkenntnis des beweglichen Gleichgewichtes führten, und viele andere Auffassungen, welche Volkmann[1] als Isolation bezeichnet hat. Solche Auffassungen sind für die Vereinfachung der Wissenschaft sehr wesentlich.

17. Wenn auch Begriffe keine bloßen Worte sind, sondern ihre Wurzeln in den Tatsachen haben, muß man sich doch hüten, Begriffe und Tatsachen für *gleichwertig* zu halten, dieselben miteinander zu verwechseln. Aus solchen Verwechslungen gehen ebenso schwere Irrtümer hervor, wie aus jenen der anschaulichen Vorstellungen mit Sinnesempfindungen, ja die ersteren sind viel allgemeiner schädlich. Die Vorstellung ist ein Gebilde, an welchem die Bedürfnisse des Einzelmenschen wesentlich mitgebaut haben, während die Begriffe, von den intellektuellen Bedürfnissen der Gesamtheit beeinflußt, das Gepräge der Kultur ihrer Zeit haben. Wenn wir Vorstellungen oder Begriffe mit Tatsachen vermengen, so identifizieren wir Ärmeres, bestimmten Zwecken Dienendes, mit Reicherem, ja Unerschöpflichem. Wir lassen wieder die Grenze U[2] außer acht, die wir, falls es sich um Begriffe handelt, als *alle* beteiligten Menschen umschließend zu denken haben. Die *logischen* Deduktionen aus unseren Begriffen bleiben *aufrecht*, solange wir diese Begriffe *festhalten*; die Begriffe *selbst* müssen aber stets einer *Korrektur* durch die Tatsachen gewärtig sein. Endlich darf man nicht annehmen, daß unseren Begriffen *absolute* Beständigkeiten entsprechen, wo unsere Forschung nur Beständigkeiten der Verbindung der Reaktionen aufzufinden vermag[3].

---

[1] VOLKMANN, Einführung in das Studium der theoretischen Physik, Leipzig 1900, S. 28.
[2] Unter U versteht Mach die Grenze des „Ich", des menschlichen Organismus (Anmerkung des Herausgebers).
[3] Diese Gedanken habe ich in „Erhaltung der Arbeit" 1872, in „Mechanik" 1883 und in „Prinzipien der Wärmelehre" 1896, in bezug auf Physik ausführlich dargelegt.

18. J. B. Stallo hat in ausführlicher Darstellung und in anderer Form, unabhängig, im wesentlichen mit dem unmittelbar zuvor Gesagten übereinstimmende Gedanken dargelegt[1]. Stallos Ausführungen lassen sich kurz zusammenfassen in folgenden Sätzen: 1. Das Denken beschäftigt sich nicht mit den Dingen, wie sie an sich sind, sondern mit unseren Gedankenvorstellungen (Begriffen) von denselben. 2. Gegenstände sind uns lediglich durch ihre Beziehungen zu anderen Gegenständen bekannt. Die Relativität ist also ein notwendiges Prädikat der Gegenstände der (begrifflichen) Erkenntnis. 3. Ein besonderer Denkakt schließt niemals die Gesamtheit aller erkennbaren Eigenschaften eines Objektes in sich, sondern nur die zu einer besonderen Klasse gehörigen Beziehungen. — Aus der Nichtbeachtung dieser Sätze gehen, wie Stallo ausführt, mehrere sehr verbreitete, natürliche, sozusagen in unserer geistigen Organisation begründete *Irrtümer* hervor. Als solche werden aufgezählt: 1. Jeder Begriff ist das Gegenstück einer unterscheidbaren objektiven Realität; es gibt so viele Dinge, als es Begriffe gibt. 2. Die allgemeineren oder umfassenderen Begriffe und die ihnen entsprechenden Realitäten sind früher da, als die weniger allgemeinen; die letzteren Begriffe und Realitäten bilden oder entwickeln sich aus den ersteren durch Hinzufügung von Merkmalen. 3. Die Aufeinanderfolge der Entstehung der Begriffe ist identisch mit der Aufeinanderfolge der Entstehung der Dinge. 4. Die Dinge existieren unabhängig von ihren Beziehungen.

In der Entgegensetzung von Materie und Bewegung, Masse und Kraft als besonderer Realitäten sieht Stallo den *ersten* der bezeichneten Irrtümer, in der Hinzufügung der Bewegung zur trägen Materie den *zweiten*. Die dynamische Gastheorie wird auf die Theorie der starren Körper gegründet, da wir mit letzteren früher vertraut geworden sind als mit den Gasen. Betrachtet man aber das starre Atom als das ursprünglich existierende, aus dem alles abzuleiten ist, so unterliegt man der *dritten* der bezeichneten Täuschungen. Die Eigenschaften der Gase sind in der Tat viel einfacher als jene der Flüssigkeiten und starren Körper, wie schon J. F. Fries[2] hervorgehoben hat. Als Beispiel des *vierten* Fehlers behandelt Stallo die Hypostasierung

---

[1] J. B. Stallo, The Concepts and Theories of modern Physics, 1882. Deutsch unter dem Titel: Die Begriffe und Theorien der modernen Physik. Herausgegeben von H. Kleinpeter, mit einem Vorwort von E. Mach, Leipzig 1901. Vgl. insbesondere S. 126—212.

[2] J. F. Fries, Die mathematische Naturphilosophie. Heidelberg 1822, S. 446.

von Raum und Zeit, wie sie namentlich in Newtons Lehre von dem absoluten Raum und der absoluten Zeit sich offenbart.

19. In dem Vorwort zur deutschen Ausgabe von Stallos Buch habe ich die Übereinstimmungen und auch die Differenzen zwischen seinen und meinen Ansichten bezeichnet. Ich möchte hier nochmals betonen, daß sowohl Stallos als auch meine Ausführungen sich niemals gegen *physikalische Arbeithypothesen*, sondern nur gegen erkenntnistheoretische Verkehrtheiten richten. Meine Darlegungen gehen stets von den physikalischen Einzelheiten aus und erheben sich von da zu allgemeineren Erwägungen, während Stallo gerade den umgekehrten Weg einschlägt. Er spricht mehr zu den Philosophen, ich zu den Naturforschern.

Sinn und Wert der Naturgesetze

Von

Ernst Mach

(Aus „Erkenntnis und Irrtum", 4. Auflage, 1920)

Man spricht oft von *Naturgesetzen*. Was bedeutet dieser Ausdruck? Gewöhnlich wird man der Meinung begegnen, die Naturgesetze seien Regeln, nach welchen die Vorgänge in der Natur sich richten *müssen*, ähnlich den bürgerlichen Gesetzen, nach welchen die Handlungen der Bürger sich richten *sollen*. Einen Unterschied pflegt man darin zu sehen, daß die letzteren Gesetze auch übertreten werden können, während man Abweichungen der Naturvorgänge von ersteren für unmöglich hält. Diese Auffassung der Naturgesetze wird aber erschüttert durch die Überlegung, daß wir ja nur aus den Naturvorgängen selbst die Naturgesetze ablesen, abstrahieren, und daß wir hierbei vor Irrtümern durchaus nicht gesichert sind. Selbstverständlich läßt sich dann jede Durchbrechung der Naturgesetze durch unsere irrtümliche Auffassung erklären, und die Vorstellung von der Unverbrüchlichkeit dieser Gesetze verliert jeden Sinn und Wert. Wird einmal die subjektive Seite unserer Naturauffassung hervorgekehrt, so gelangt man leicht zu der extremen Ansicht, nach welcher unsere Anschauung und unsere Begriffe *allein* der Natur Gesetze *vorschreiben*. Betrachten wir aber unbefangen das *Werden* der Naturwissenschaft, so sehen wir deren Ursprung darin, daß wir an den Vorgängen zunächst die Seiten beachten, welche für uns unmittelbar biologisch wichtig sind, und daß später erst unser Interesse auf die mittelbar biologisch wichtigen Seiten der Vorgänge fortschreitend sich weiter ausdehnt. Angesichts dieser Überlegung wird vielleicht folgende naheliegende Fassung Zustimmung finden: *Ihrem Ursprung nach sind die „Naturgesetze" Einschränkungen, die wir unter Leitung der Erfahrung unserer Erwartung vorschreiben.*

2. K. Pearson[1], dessen Ansichten den meinigen recht nahestehen, äußert sich über diese Fragen in folgender Weise: „The civil law involves a command and a duty; the scientific law is a description, not a prescription. The civil law is valid only for a special community at a special time; the scientific law is valid for *all* normal human beings, and is unchangeable so long as their perceptive faculties remain at the same stage of development. For Austin[2], however, and for many other philosophers too, the law of nature was not the mental formula, but the repeated sequence of perceptions. This repeated sequence of perceptions they projected out of themselves, and considered as a part of an external world unconditioned by and independent of man. In this sense of the word, a sense unfortunately far too common today, natural law could exist before it was recognised by man." Statt des schon in der Diskussion zwischen Mill und Whewell auftretenden und seit Kirchhoff eingebürgerten Wortes „Beschreibung" möchte ich hier durch den Ausdruck „Einschränkung der Erwartung" auf die biologische Bedeutung der Naturgesetze hinweisen.

3. Ein Gesetz besteht immer in einer Einschränkung der Möglichkeiten, ob dasselbe als Beschränkung des Handelns, als unabänderliche Leitbahn des Naturgeschehens oder als Wegweiser für unser dem Geschehen ergänzend vorauseilendes Vorstellen und Denken in Betracht kommt. Galilei und Kepler stellen sich die verschiedenen Möglichkeiten der Fall- und der Planetenbewegung vor; sie suchen diejenigen zu erraten, welche den Beobachtungen entsprechen, sie schränken ihre Vorstellungen im Anschluß an die Beobachtung ein, gestalten dieselbe bestimmter. Der Trägheitssatz, welcher nach dem Erlöschen der Kräfte dem Körper eine gleichförmige geradlinige Bewegung zuschreibt, hebt aus unendlich vielen Denkmöglichkeiten *eine* als maßgebend für die Vorstellung hervor.

---

[1] K. Pearson, The Grammar of Science, 2nd edition, London 1900, p. 87.

[2] Der englische Rechtslehrer.

Auch die Lange'sche[1] Auffassung der Trägheitsbewegung eines Systems freier Massen stellt diese als eine Auswahl *einer* Bewegungsweise aus unzähligen kinematischen Möglichkeiten dar. Schon darin, daß sich ein Tatsachengebiet klassifizieren läßt, daß man den Klassen entsprechende Begriffe aufstellen kann, liegt eine Beschränkung der Möglichkeiten. Ein Gesetz muß sich nicht notwendig in Form eines Lehrsatzes aussprechen. Die Anwendbarkeit des Massenbegriffes schließt folgende Beschränkungen ein. Die Massensumme eines abgeschlossenen Systems, nach irgendeinem Körper des Systems als Einheit gemessen, ist unveränderlich. Zwei Körper, die sich zu einem dritten als gleiche Massen verhalten, verhalten sich auch untereinander ebenso[2].

4. Es ist ein Bedürfnis aller mit Gedächtnis ausgestatteten Lebewesen, daß deren Erwartung unter gegebenen Umständen *erhaltungsgemäß* geregelt sei. Den unmittelbaren und einfachsten biologischen Bedürfnissen entspricht die psychische Organisation schon instinktiv, indem sie durch den Mechanismus der Association in der überwiegenden Mehrzahl der Fälle die zweckmäßige Funktionsbereitschaft herstellt. Wenn verwickelte Daseinsbedingungen eintreten, welche die Bedürfnisbefriedigung oft nur auf langen Umwegen gestatten, so kann nur ein reiches ausgestattetes psychisches Leben diesen Bedürfnissen genügen. Die einzelnen Schritte des Umweges, mit den dieselben begleitenden *Umständen als solchen*, gewinnen dann ein mittelbares Interesse. Wir können jedes wissenschaftliche Interesse als ein mittelbares biologisches Interesse an einem Schritt des bezeichneten Umweges auffassen. Mag nun ein Fall dem unmittelbaren biologischen Interesse beliebig nahe oder fern liegen, immer entspricht unserem Bedürfnis nur die den Umständen *angemessene, richtige* Erwartung. In bezug auf die Richtigkeit der Erwartung machen wir in verschiedenen Fällen allerdings sehr ungleiche Ansprüche. Sind wir hungrig und finden wir überhaupt dort Nahrung, wo wir nach den Umständen dieselbe vermuten, so sind wir von der Richtigkeit unserer Erwartung schon befriedigt. Erwarten wir aber nach der Elevation des Geschützrohres, nach Projektilgewicht und Pulverladung eine gewisse Wurfweite und weicht die wirkliche von der erwarteten nur unbeträchtlich ab, so kann hierin schon eine empfindliche Täuschung vorliegen. Wenn auf längerem Wege, durch mehrere oder

---

[1] Mechanik, 5. Auflage, S. 259.
[2] Ebendaselbst S. 233f.

viele Schritte ein Ziel zu erreichen ist, so wird ein geringer Irrtum in der Bemessung der Größe und Richtung der einzelnen Schritte schon genügen, um das Ziel zu verfehlen. So können schon kleine Fehler mehrerer in eine Richtung eingehender Zahlen das Endergebnis beträchtlich fälschen[1]. Da es sich nun in der Wissenschaft eben um solche Zwischenschritte handelt, welche in der Theorie oder Praxis (Technik) Verwendung finden, so wird es hier auf eine besonders *genaue* Bestimmung der Erwartung durch die gegebenen Umstände ankommen.

5. Mit dem Fortschritt der Naturwissenschaft ergibt sich in der Tat eine zunehmende *Einschränkung der Erwartung,* eine zusehends bestimmtere Gestaltung derselben. Die ersten Einschränkungen sind qualitativer Art. Ob die Momente $A, B, C, \ldots$, welche eine Erwartung M bestimmen, von der Wissenschaft etwa in einem Satz auf einmal bezeichnet werden können, oder ob diese Anweisung gibt, dieselben nacheinander herbeizuschaffen, wie dies z. B. durch eine botanische oder chemische analytische Tabelle geschieht, ist unwesentlich. Kann man in qualitativ gleichen Fällen die einzelnen Qualitäten noch der Quantität nach unterscheiden, also jedem quantitativ bestimmten Komplex von Qualitäten $A, B, C, \ldots$ eine ebenfalls quantitativ bestimmte Erwartung M zuordnen, so ist eine weitere Einschränkung erzielt, deren Enge nur durch die erreichbare Genauigkeit der Messung und Beobachtung begrenzt ist. Auch hier kann die Einschränkung auf einmal oder sukzessive stattfinden. Das letztere geschieht, wenn eine Einschränkung durch eine weitere ergänzende Bestimmung noch auf einen kleineren Spielraum eingeengt wird. Im ebenen, konvexen, geradlinigen n-Eck ist die Summe der Innenwinkel für den euklidischen Raum $(n-2) \cdot 2R$; für das Dreieck $(n = 3)$ wird dieselbe $2R$, wodurch sich jeder der drei Winkel durch die Werte der beiden anderen bestimmt. Diese engste Einschränkung beruht also auf einer ganzen Reihe von Bedingungen, die einander ergänzen, oder von welchen einige als grundlegend den anderen erst einen bestimmteren Sinn geben. Ebenso verhält es sich in der Physik. Die Gleichung $pv/T = $ konst. gilt für einen gasförmigen Körper von unveränderlicher Masse, für welchen p, v, T für alle Teile dieselben Werte haben, und nur bei hinreichender Entfernung von den Bedingungen der Verflüssigung. Die Beschränkung, welche im

---

[1] J. R. Mayer fand auf Grund nur mäßig ungenauer Zahlen für das mechanische Äquivalent der Wärmeeinheit 365 statt 425.

Brechungsgesetz $\sin\alpha/\sin\beta = n$ liegt, wird weiter eingeengt durch die Beziehung auf ein bestimmtes Paar von homogenen Stoffen, auf eine bestimmte Temperatur, auf eine bestimmte Dichte oder einen gewissen Druck, auf das Fehlen jeder magnetischen und elektrischen Potentialdifferenz innerhalb dieser Stoffe. Wenn wir ein physikalisches Gesetz auf einen bestimmten *Stoff* beziehen, so bedeutet dies, daß das Gesetz für einen Raum gelten soll, in welchem noch die bekannten Reaktionen dieses Stoffes nachweisbar sind. Diese ergänzenden Bedingungen werden gewöhnlich durch den bloßen *Namen* des Stoffes gedeckt und verdeckt. Die physikalischen Gesetze, welche für den leeren Raum (das Vakuum, den Äther) gelten, beziehen sich eben auch nur auf bestimmte Werte der elektrischen und magnetischen Konstanten usw. Durch Anwendung eines Satzes auf einen Stoff führen wir weitere Bestimmungen (Bedingungsgleichungen) ein, gerade so, als wenn wir von einem geometrischen Satz sagen (oder auch stillschweigend verstehen), daß derselbe für ein Dreieck, für ein Parallelogramm oder für einen Rhombus gilt. Findet man einmal, daß ein Gesetz aufhört zu gelten unter Umständen, unter welchen dasselbe bisher immer als gültig befunden wurde, so treibt uns dies, nach einer *noch unbekannten* komplementären Bedingung des Gesetzes zu suchen. Das Auffinden derselben bedeutet stets eine wichtige Entdeckung. So wurde Elektrizität und Magnetismus durch die Anziehung und Abstoßung entdeckt, welche Körper gegeneinander offenbarten, die man als gegeneinander indifferent zu betrachten gewohnt war. Nicht nur die ausgesprochene Hypothese allein, sondern auch die stillschweigend mitbegriffenen Bedingungen begründen eine geometrische und auch eine physikalische Thesis. Es wird gut sein, sich stets gegenwärtig zu halten, daß auch *noch unbekannte* Bedingungen (deren merkliche Änderung uns bisher entgangen wäre) mitbestimmend sein können.

6. Die Naturgesetze sind nach unserer Auffassung ein Erzeugnis unseres *psychologischen* Bedürfnisses, uns in der Natur zurechtzufinden, den Vorgängen nicht fremd und verwirrt gegenüber zu stehen. Dies kommt in den Motiven dieser Gesetze, welche stets diesem Bedürfnis, aber auch dem jeweiligen *Kulturzustand* entsprechen, deutlich zum Ausdruck. Mythologisch, dämonologisch, poetisch sind die ersten rohen Orientierungsversuche. In der Zeit des Neuaufschwunges der Naturwissenschaften, in der Periode Kopernikus-Galilei, welche nach einer überwiegend qualitativen, vorläufigen Orientierung strebt, ist *Leichtigkeit*, *Einfachheit* und *Schönheit* das leitende Motiv bei Auf-

suchung der Regeln zur gedanklichen Rekonstruktion des Tatsächlichen. Die genauere quantitative Forschung zielt auf möglichst vollständige Bestimmtheit, auf *eindeutige Bestimmtheit*, wie sich dies schon in der älteren Entwicklungsgeschichte der Mechanik äußert. Häufen sich dann die Einzelerkenntnisse, so macht sich das Bedürfnis nach Verminderung der psychischen Anstrengung, nach Ökonomie, Kontinuität, Beständigkeit möglichst *allgemeiner* Anwendbarkeit und Brauchbarkeit der aufgestellten Regeln mächtig geltend. Es genügt, auf die spätere Entwicklungsgeschichte der Mechanik und eines jeden weiter fortgeschrittenen Teiles der Physik hinzuweisen.

7. Es ist sehr natürlich, daß in Zeiten geringer Schärfe der erkenntnistheoretischen Kritik die psychologischen Motive in die Natur projiziert und dieser selbst zugeschrieben worden sind. Gott oder die Natur strebt nach Einfachheit und Schönheit, dann nach strenger Gesetzmäßigkeit und Bestimmtheit, endlich nach Sparsamkeit und Ökonomie in allen Vorgängen, nach Erzielung aller Wirkungen mit dem kleinsten Aufwand. Noch in neuerer Zeit schreibt Fresnel[1], wo er die *allgemeine* Anwendbarkeit der Wellentheorie der älteren Emissionstheorie gegenüber hervorheben will, der Natur die Tendenz zu, viel durch die einfachsten Mittel zu erreichen. „La première hypothèse a l'avantage de conduire à des consequences plus évidentes, parce que l'analyse mécanique s'y applique plus aisément: la seconde, au contraire, présente sous ce rapport de grandes difficultés. Mais dans le choix d'un système, on ne doit avoir égard qu'à la simplicité des hypothèses; celle des calculs ne peut être d'aucun poids dans la balance des probabilités. La nature ne s'est pas embarrassée des difficultés d'analyse; elle n'a évité que la complication des moyens. Elle paraît s'être proposé de faire beaucoup avec peu: c'est un principe que le perfectionnement des sciences physiques appuie sans cesse de preuves nouvelles."

8. Die fortschreitende Verschärfung der Naturgesetze, die zunehmende Einschränkung der Erwartung, entspricht einer genaueren Anpassung der Gedanken an die Tatsachen. Eine vollkommene Anpassung an jede individuelle, künftig auftretende, unberechenbare Tatsache ist natürlich unmöglich. Die *vielfache, möglichst allgemeine* Anwendbarkeit der Naturgesetze auf konkrete, tatsächliche Fälle wird nur möglich durch *Abstraktion, durch Vereinfachung, Schematisierung, Idealisierung* der Tatsachen, durch gedankliche Zerlegung derselben

---

[1] FRESNEL, Memoire couronné sur la diffraction. Oeuvres. Paris. R. I, p. 248.

in solche einfache Elemente, daß aus diesen die gegebenen Tatsachen mit zureichender Genauigkeit sich wieder gedanklich aufbauen und zusammensetzen lassen. Solche elementare idealisierte Tatsachenelemente, wie sie in der Wirklichkeit nie in Vollkommenheit angetroffen werden, sind die gleichförmige und die gleichförmig beschleunigte Massenbewegung, die stationäre (unveränderliche) thermische und elektrische Strömung und die Strömung von gleichmäßig wachsender und abnehmender Stärke usw. Aus solchen Elementen läßt sich aber jede beliebig variable Bewegung und Strömung genügend beliebig genau zusammengesetzt denken und der Anwendung der Naturgesetze zugänglich machen. Dies geschieht in den *Differentialgleichungen* der Physik. Unsere Naturgesetze bestehen also aus einer Reihe für die Anwendung bereit liegender, für diesen Gebrauch zweckmäßig gewählter Lehrsätze. Die Naturwissenschaft kann aufgefaßt werden als eine Art *Instrumentensammlung* zur gedanklichen Ergänzung irgendwelcher teilweise vorliegender Tatsachen oder zur möglichsten Einschränkung weiterer Erwartung in künftig sich darbietenden Fällen[1].

9. Die Tatsachen sind *nicht* genötigt, sich nach unseren Gedanken zu richten. Aber unsere Gedanken, unsere Erwartungen, richten sich nach anderen Gedanken, nach den *Begriffen* nämlich, welche wir uns von den Tatsachen gebildet haben. Die instinktive Erwartung, welche sich an eine Tatsache knüpft, hat immer einen beträchtlichen Spielraum. Nehmen wir aber an, daß eine Tatsache genau unseren einfachen idealen Begriffen entspricht, so wird in Übereinstimmung hiermit unsere Erwartung auch genau bestimmt sein. Ein naturwissenschaftlicher Satz hat immer nur den *hypothetischen* Sinn: *Wenn* die Tatsache A genau den Begriffen M entspricht, so entspricht die Folge B genau den Begriffen N; *so genau* als A den M, *so genau* entspricht B den N. Die absolute Exaktheit, die vollkommen genaue eindeutige Bestimmung der Folgen einer Voraussetzung besteht in der Naturwissenschaft (ebenso wie in der Geometrie) nicht in der sinnlichen *Wirklichkeit*, sondern nur in der Theorie. Aller Fortschritt zielt darauf ab, die Theorie mehr und mehr der Wirklichkeit anzuschmiegen. Wenn wir viele Brechungsfälle an einem Paar von Medien, auch quantitativ, beobachtet haben, so bleibt unserer Erwartung des zu einem bestimmten einfallenden Strahl gehörigen gebrochenen Strahls noch immer der Spielraum der Ungenauigkeit der Beobachtung und Messung.

---

[1] Wärmelehre, S. 462f. — KLEINPETER, Erkenntnistheorie. Leipzig 1905, S. 11—13.

Erst nach Festsetzung des Brechungsgesetzes und Wahl *eines* Wertes des Brechungsexponenten gehört zu *einem* einfallenden Strahl nur *ein* gebrochener Strahl.

10. Auf die Wichtigkeit, zwischen Begriff und Gesetz einerseits und Tatsache anderseits scharf zu unterscheiden, wurde schon mehrfach hingewiesen. Der Oerstedtsche Fall (Strom und Nadel in einer Ebene) ist nach den *vor* Oerstedt geltenden Begriffen absolut symmetrisch, während sich der tatsächliche Fall als unsymmetrisch erweist. Das zirkular polarisierte Licht zeigt in mehrfacher Beziehung das indifferente Verhalten des unpolarisierten Lichtes. Erst das genauere Studium enthüllt uns die zweifache „helikoidale Dissymmetrie" desselben und nötigt uns, die Tatsachen durch neue, dieselben *vollständiger* bezeichnende Begriffe darzustellen. Werden unsere Vorstellungen über die Natur von Begriffen beherrscht, die wir für zureichend halten und haben wir uns dementsprechend an Erwartungen von eindeutiger Bestimmtheit gewöhnt, so gelangen wir leicht dazu, den Gedanken der eindeutigen Bestimmtheit auch in *negativer* Weise anzuwenden. Wo ein gewisser Erfolg, z. B. ein Bewegungserfolg, *nicht* eindeutig bestimmt ist, wie etwa bei drei gleichen Kräften, welche denselben Punkt, je zwei einen Winkel von 120° bildend, angreifen, werden wir das gänzliche Ausbleiben dieses Erfolges erwarten. Soll der in dieser Form angewandte „Satz des zureichenden Grundes" nicht irre führen (vgl. die eben angeführten Beispiele), so muß man sicher sein, daß *alle* mitbestimmenden Umstände *bekannt* sind.

11. Nur eine *Theorie*, welche die immer komplizierten und durch mannigfache Nebenumstände beeinflußten Tatsachen der Beobachtung *einfacher* und *genauer* darstellt, als dies durch die Beobachtung eigentlich verbürgt werden kann, entspricht dem *Ideal der eindeutigen Bestimmtheit*[1]. Diese Schärfe der Theorie ermöglicht uns, aus derselben durch viele sich folgende gleichartige oder auch durch kombinierte ungleichartige deduktive Schritte weitgehende Folgerungen zu ziehen, deren Übereinstimmung mit jener Theorie verbürgt ist. Die Übereinstimmung oder Nichtübereinstimmung dieser Folgerungen mit der Erfahrung ist aber meist (wegen der möglichen Häufung der Abweichungen) eine viel *schärfere* Probe der Richtigkeit oder Verbesserungsbedürftigkeit der Theorie, als die Vergleichung der Grundsätze mit der Beobachtung. Man denke etwa an die

---

[1] Vgl. die Ausführungen von DUHEM (La Théorie physique, S. 220f., S. 320f.).

Newton'schen Grundsätze der Mechanik und die aus denselben abgeleiteten astronomischen Folgerungen.

12. Die *allgemeinen*, sich häufig wiederholenden *Formen* der Sätze der Theorie werden verständlich, wenn man dieselben unter dem Gesichtspunkt unseres Bedürfnisses nach Bestimmtheit und insbesondere nach eindeutiger Bestimmtheit betrachtet. Alles gewinnt hierdurch an Klarheit und Durchsichtigkeit. Wenige Bemerkungen genügen für den Physiker. Physikalische *Differenzen* bestimmen alles Geschehen, und die Verkleinerung der Differenzen überwiegt in dem Ausschnitt des Geschehens, welchen wir ins Auge fassen. Wo viele gleichartige Differenzen in derselben Weise das Geschehen in einem Punkte bestimmen, ist das *Mittel* dieser Differenzen bestimmend. Die in so vielen Gebieten der Statik und Dynamik, der Wärme, Elektrizität usw. zur Anwendung gelangenden Gleichungen von Laplace und Poisson besagen[1], und zwar die erstere, daß jenes bestimmende Mittel den Wert Null, die andere, welchen es sonst hat. Symmetrische Differenzen in bezug auf einen Punkt bestimmen ein symmetrisches Geschehen in demselben, in besonderen Fällen einer mehrfachen Symmetrie aber ein Ausfallen des Geschehens. Die konjugierten Funktionen, welche die zusammengehörigen Scharen der orthogonalen Niveau- und Kraftlinien oder der Niveau- und Stromlinien usw. darstellen, bestimmen in den Fällen ihrer Anwendung eine *Symmetrie* des Geschehens in den *unendlich kleinen Elementen*. Ein Größtes oder Kleinstes unter einer Menge von vielfachen benachbarten Möglichkeiten kann stets als unter einer Art von Symmetriebedingungen stehend aufgefaßt werden. Wenn die Differenzen bei jeder beliebigen kleinen Änderung einer Anordnung allseitig in demselben Sinne wachsen oder abnehmen, so bietet diese Anordnung immer in irgendeiner Beziehung ein Maximum oder ein Minimum dar. Gleichgewichtsfälle, nicht allein mechanische und dynamische Gleichgewichtszustände sind in der Regel von dieser Art. An einem anderen Orte wurde ausgeführt, daß bei dynamischen Gesetzen, wie dem Prinzip der kleinsten Wirkung u. a., welche in Form von Maximum-Minimum-Sätzen ausgesprochen werden, nicht das Maximum oder Minimum das Maßgebende ist, sondern vielmehr der Gedanke der *eindeutigen Bestimmtheit*[2].

---

[1] Wärmelehre, S. 117f.
[2] Mechanik, 5. Auflage, S. 419—421. — PETZOLDT, Das Gesetz der Eindeutigkeit. Vierteljahresschrift für wissenschaftliche Philosophie, XIX.

13. Sind nun die Naturgesetze als bloße subjektive Vorschriften für die Erwartung des Beobachters, an welche die Wirklichkeit nicht gebunden ist, wertlos? Keineswegs! Denn, wenn auch die Erwartung nur innerhalb gewisser Grenzen von der sinnlichen Wirklichkeit entsprochen wird, so hat sich erstere doch vielfach als richtig bewährt und bewährt sich täglich mehr. Wir haben also mit dem Postulat der Gleichförmigkeit der Natur keinen Fehlgriff getan, wenn auch bei der Unerschöpflichkeit der Erfahrung die absolute Anwendbarkeit des Postulates nach Schärfe, zeitlicher und räumlicher Unbeschränktheit sich *nie wird dartun lassen* und wie jedes wissenschaftliches Hilfsmittel immer ein *Ideal* bleiben wird. Außerdem bezieht sich das Postulat überhaupt nur auf Gleichförmigkeiten, sagt aber über die Art derselben nichts aus. Im Falle einer Enttäuschung der Erwartung hat man also stets die Freiheit, statt der erwarteten Gleichförmigkeiten *neue* zu suchen.

14. Wer, wie der Naturforscher, das menschliche psychische Individuum nicht als ein der Natur gegenüberstehendes isoliertes *Fremdes*, sondern als einen Teil der Natur auffaßt, wer das sinnlich-physische und das Vorstellungsgeschehen als *ein untrennbares Ganzes* ansieht, wird sich nicht wundern, daß das Ganze nicht durch den Teil zu erschöpfen ist. Doch werden ihm Regeln, die sich im Teil offenbaren, die Vermutung von Regeln im Ganzen nahelegen. Er wird hoffen, daß, so wie es ihm gelingt, in einem kleineren Gebiet eine Tatsache durch die andere zu erläutern, auch nach und nach die beiden Gebiete des Physischen und Psychischen sich gegenseitig aufklären werden. Es handelt sich ja nur darum, die Ergebnisse der physikalischen und psychologischen Beobachtung im *einzelnen* genauer zum Zusammenstimmen zu bringen, als es schon geschehen ist; an der Beziehung beider im allgemeinen zweifelt niemand mehr. An zwei unabhängige oder nur in loser Beziehung stehende Welten kann man nicht mehr denken. Die Verbindung derselben durch ein *unbekanntes Drittes*(!) hat aber als Erklärung gar keinen Sinn; solche Erklärungen haben hoffentlich für immer allen Kredit verloren.

15. Die Entstehung der berührten Ansichten ist ja ganz verständlich. Als der Mensch durch Analogie die Entdeckung machte, daß noch andere ihm ähnliche, sich ähnlich verhaltende Lebewesen, Menschen und Tiere, bestehen, und als er genötigt war, sich zum klaren Bewußtsein zu bringen, daß er deren Verhalten mit Rücksicht auf Umstände beurteilen müsse, die er nicht unmittelbar sinnlich wahrnehmen konnte, deren Analoga ihm aber doch in seiner beson-

deren Erfahrung bekannt waren, da konnte er nicht anders, da mußte er die Vorgänge in zwei Klassen teilen: In solche, die *allen* und andere, die nur *einem* wahrnehmbar waren. Das war für ihn die einfachste und zugleich die praktisch hilfreichste Lösung. So wurde ihm *zugleich* der Gedanke des fremden *und* eigenen Ich klar. Beide Gedanken sind *untrennbar*. Wer durch irgendeinen Zufall ohne lebende Genossen aufwachsen könnte, würde seine dürftigen Vorstellungen schwerlich den Empfindungen gegenüberstellen, würde nicht zum Gedanken des Ich gelangen, dieses nicht der Welt entgegensetzen. Alles Geschehen wäre für ihn nur *eines*. Haben wir aber einmal den Ich-Gedanken gefaßt, so gelingt es uns leicht, die Abstraktion des Physischen und Psychischen, der eigenen und fremden Empfindung, der eigenen und fremden Vorstellung zu bilden. *Beide* Betrachtungsweisen sind für eine umfassende Orientierung förderlich und *beide* sollen benutzt werden. Die eine führt zur Beachtung der Einzelheiten, die andere dazu, den Blick aufs Ganze nicht zu verlieren[1].

16. Wenn die Welt durch Abstraktionen zersägt und zerschnitten ist, so erscheinen diese Teilstücke so luftig und so wenig massig, daß Zweifel auftreten, ob sich die Welt aus denselben wieder zusammenleimen lassen wird. Man fragt wohl auch gelegentlich humoristisch-ironisch, ob so eine Empfindung oder Vorstellung, die keinem Ich angehört, *allein* in der Welt spazierengehen könnte[2]. So waren ja auch die Mathematiker, nachdem sie die Welt in Differentiale zerteilt hatten, ein wenig in Angst, ob sie die Welt aus solchen Nichtsen wieder ohne Schaden würden zusammenintegrieren können? Ich möchte auf obige Frage antworten: Gewiß wird eine Empfindung nur in einem Komplex auftreten; daß dieser aber immer ein volles, waches, menschliches Ich sei — es gibt ja auch ein Traumbewußtsein, ein hypnotisches, ein ekstatisches, ein tierisches Bewußtsein verschiedener Grade —, möchte ich in Zweifel ziehen. Selbst ein Körper, ein Stück Blei, das Gröbste was wir kennen, gehört immer einem Komplex und schließlich der Welt an; es existiert nichts isoliert[3]. So wie es dem Physiker freistehen muß, die materielle Welt zum

---

[1] Vgl. W. JERUSALEM, Einleitung in die Philosophie, 2. Auflage 1903, S. 118f. („Monismus des Geschehens").

[2] Siehe Abschnitt „Engelmeyers Kritik der Mach'schen Erkenntnislehre", S. 71 (Anmerkung des Herausgebers).

[3] Vgl. die Kontroverse zwischen Ziehen (Zeitschrift für Psychologie der Sinnesorgane, Bd. 33, S. 91) und SCHUPPE (ebendaselbst, Bd. 35, S. 454). — Analyse, 4. Auflage, S. 281.

Zwecke der wissenschaftlichen Untersuchung zu analysieren, in Teile zu zerlegen, ohne daß er deshalb den allgemeinen Weltzusammenhang vergessen müßte, so muß auch dem Psychologen dieselbe Freiheit gewährt werden, wenn er überhaupt etwas zustande bringen soll. Die Empfindung, kann man in des Zynikers Demonax Redeweise sagen, existiert so wenig *allein*, als irgend etwas anderes. — *Introspektiv* finde ich mein Ich durch den Komplex der *konkreten* Bewußtseinsinhalte *erschöpft*. Wenn man zuweilen meint, neben diesem doch noch etwas wahrzunehmen, so möchte dies an folgendem liegen. Mit dem abstrakten Gedanken des eigenen Ich ist eng verbunden jener des fremden Ich und des *Unterschiedes* beider, ferner der, daß sich das Ich nicht *indifferent* gegen seinen Inhalt verhält. Man frage sich aber, ob diese *abstrakten* Gedanken nicht auch nur konkreten Bewußtseinsinhalt bergen und *decken* und ob dieselben durch *reine* Introspektion überhaupt hätten gewonnen werden können? An der physikalisch-physiologischen Unterlage des Ich ist aber gewiß noch beinahe *alles* zu erforschen. Diese ist keineswegs Nichts neben dem augenblicklich lebendigen Inhalt des Bewußtseins, der ja immer nur einen winzigen Teil ihres Reichtums vorstellt.

17. Auch die herkömmliche Meinung, daß zwischen dem Ich und der Welt, ebenso zwischen den verschiedenen Ich unüberschreitbare Schranken bestehen, ist psychologisch begreiflich. Wenn ich etwas empfinde oder mir vorstelle, so scheint dies die Welt und auch die anderen Ich gar nicht zu beeinflussen. Aber es scheint nur so. Schon das leise Mitspielen meiner Muskel gehört der Welt und jedem aufmerksamen Beobachter an. Noch mehr gilt dies, wenn meine Vorstellungen in Rede und Handlung ausbrechen. Sieht *jemand* Blau und ein *anderer* eine Kugel, so kann daraus allerdings kein Urteil resultieren: Die Kugel ist blau. Es fehlt hierzu „die synthetische Einheit der Apperzeption", mit welchem schönen Wort man diese triviale Tatsache bezeichnet[1]. Beide Vorstellungen müssen eben in Reaktionsnähe kommen, ganz ähnlich, wie die Körper im Gebiete der Physik. Solche Ausdrücke lösen aber kein Problem, sondern sind vielmehr geeignet, dasselbe zu decken oder zu *verdecken*. Das Ich ist kein Topf, in welchem das Blau und die Kugel nur hineinzufallen brauchen, damit ein Urteil resultiere. Das Ich ist *mehr* als eine bloße Einheit und schon gar nicht eine Herbartsche *Einfachheit*. Dieselben räumlichen Elemente, welche sich zur Kugel schließen, müssen blau sein,

---

[1] Wie nun gar hieraus die *Unverständlichkeit* des Ich folgen soll, ist mir unerfindlich.

und das Blau muß auch von den Orten als verschieden, als trennbar erkannt werden, damit ein Urteil möglich sei. Das Ich ist ein psychischer Organismus, dem ein physischer Organismus entspricht. Es ist doch schwer zu glauben, daß dies ewig ein *Problem* bleiben müßte, daß Psychologie und Physiologie *zusammen* daran nichts mehr aufklären könnten. Die Introspektion allein, ohne Hilfe der Physik, hätte nicht einmal zur Empfindungsanalyse geführt. Die Philosophen überschätzen einseitig die introspektive, die Psychiater oft ebenso einseitig die physiologische Analyse, während zu einem ausgiebigen Erfolg die Vereinigung *beider* unentbehrlich ist. Bei *beiden* Gruppen von Forschern scheint das von der primitiven Kultur herstammende, nicht vollständig erloschene Vorurteil mitzuwirken, wonach Psychisches und Physisches nun einmal durchaus inkommensurabel ist. Wieweit die angedeutete Untersuchung führen wird, ist vorläufig nicht abzusehen.

Ist das Ich keine von der Welt isolierte Monade, sondern ein Teil der Welt und mitten im Fluß derselben darin, aus dem es hervorgegangen und in den zu diffundieren es wieder bereit ist, so werden wir nicht mehr geneigt sein, die Welt als ein *unerkennbares* Etwas anzusehen. Wir selbst sind uns dann *nahe* genug und den anderen Teilen der Welt *verwandt* genug, um auf wirkliche Erkenntnis zu hoffen.

18. Die Wissenschaft ist anscheinend als der überflüssigste Seitenzweig aus der biologischen und kulturellen Entwicklung hervorgewachsen. Wir können aber heute nicht mehr zweifeln, daß dieselbe sich zum biologisch und kulturell förderlichsten Faktor entwickelt hat. Sie hat die Aufgabe übernommen, an die Stelle der tastenden, unbewußten Anpassung die raschere, klar *bewußte*, *methodische* zu setzen. Der verstorbene Physiker E. Reitlinger pflegte pessimistischen Anwandlungen gegenüber zu sagen: „Der Mensch trat in der Natur auf, als dessen Daseinsbedingungen, aber noch nicht dessen Wohlseinsbedingungen gegeben waren." In der Tat soll er sich die letzteren selbst schaffen, und ich glaube, er *hat* sich dieselben geschaffen. Dies gilt wenigstens heute schon von den *materiellen* Wohlseinsbedingungen, wenn auch vorläufig leider nur für *einen Teil* der Menschen. Wir können von der Zukunft noch besseres erhoffen[1]. Sir John Lubbock[2] spricht die Hoffnung aus, „daß sich die Seg-

---
[1] E. METSCHNIKOFF, Studien über die Natur des Menschen. Eine optimistische Philosophie. Leipzig 1904.

[2] J. LUBBOCK, Die Entstehung der Zivilisation. Jena 1875, S. 399.

nungen der Zivilisation nicht nur auch auf andere Länder und andere Völkerschaften erstrecken werden, sondern daß sie auch in unserem eigenen Vaterlande nach und nach zur *allgemeinen, gleichmäßigen* Geltung kommen, so daß uns nicht mehr stets Landsleute vor die Augen treten, die in unserer Mitte ein schlimmeres Leben führen als die Wilden und welche weder die Vorteile und wahren, wenngleich einfachen Freuden genießen, die das Leben der niederen Rassen schmücken, noch die weit höheren und edleren Annehmlichkeiten sich zu verschaffen wissen, welche im Bereich des zivilisierten Menschen liegen". Bedenken wir die Qualen, welche unsere Vorfahren unter der Brutalität ihrer sozialen Einrichtungen, ihrer Rechts- und Gerichtsverhältnisse, ihres Aberglaubens, ihres Fanatismus zu erdulden hatten, erwägen wir die reichliche Erbschaft der Gegenwart an diesen Gütern, stellen wir uns vor, was wir davon noch in unseren Nachkommen miterleben werden, so ist uns dies ein genügend mächtiger Antrieb, endlich auch an der Verwirklichung des Ideales einer *sittlichen* Weltordnung mit Hilfe unserer psychologischen und soziologischen Einsichten eifrig und kräftig mitzuarbeiten. Haben wir aber einmal eine solche sittliche Ordnung geschaffen, so wird niemand sagen können, daß sie *nicht* in der Welt sei, und niemand wird mehr nötig haben, sie in mystischen Höhen oder Tiefen zu suchen.

DIE POLEMIK MAX PLANCKS GEGEN MACH
MACHS REPLIK: DIE LEITGEDANKEN

In einem Vortrag „Die Einheit des physikalischen Weltbildes"[1], den Planck im Jahre 1908 in Leiden hielt, legte er sein erkenntnistheoretisches Credo ab.

Er ist überzeugt von der objektiven Realität des physikalisch Erkannten, das unabhängig vom erkennenden Subjekt existiert. Dabei greift er den positivistischen Standpunkt im allgemeinen und im besonderen Mach und seine Lehre von der Denkökonomie an. Auch Machs antiatomistischer Standpunkt wird einer heftigen Kritik unterzogen.

Mach antwortet mit einer Abhandlung „Die Leitgedanken meiner naturwissenschaftlichen Erkenntnislehre und ihre Aufnahme durch die Zeitgenossen"[2], die schon wiederholt angeführt wurde.

Auch Mach ist hier bekennerisch und polemisch. Er beginnt: „Um die Erkenntnislehre, der ich einen guten Teil meines Lebens gewidmet habe, in Kürze darzustellen, beginne ich mit Angabe der Umstände, unter welchen diese Gedanken sich entwickelt haben.

Indem ich bei Beginn meiner Lehrtätigkeit als Privatdozent der Physik 1861 auf die Arbeiten der Forscher achtete, über welche ich zu referieren hatte, erkannte ich in der Auswahl der einfachsten, sparsamsten, zweckdienlichsten zum Ziel führenden Mittel das Eigentümliche ihres Vorgehens. Durch den Verkehr mit dem Nationalökonomen E. Hermann, 1864, der seinem Beruf gemäß ebenfalls das wirtschaftliche Element in jeder Art von Beschäftigung aufzuspüren suchte, gewöhnte ich mich, die geistige Tätigkeit des Forschers als eine wirtschaftliche oder ökonomische zu bezeichnen. Dies wird schon durch die einfachsten Fälle nahegelegt. Jeder abstrakt begriffliche, zusammenfassende Ausdruck des Verhaltens von Tatsachen, jeder Ersatz einer Zahlentabelle durch eine Formel oder eine Her-

---

[1] Abgedruckt in der Physikalischen Zeitschrift, 10. Jg., Nr. 2, S. 69.
[2] Physikalische Zeitschrift, 11. Jg., S. 599, und „Scientia", Internationale Zeitschrift für wissenschaftliche Synthese, Bd. VII (1910).

stellungsregel, das Gesetz derselben, jede Erklärung einer neuen Tatsache durch eine andere, bekanntere, kann als eine ökonomische Leistung aufgefaßt werden. Je weiter, eingehender man die wissenschaftlichen Methoden, den systematischen, ordnenden, vereinfachenden, logisch-mathematischen Aufbau analysiert, desto mehr erkennt man das wissenschaftliche Tun als *ökonomisches*.

Als Gymnasiast lernte ich schon 1854 die Lehre Lamarcks durch meinen verehrten Lehrer F. X. Wessely kennen, war also wohl vorbereitet, die 1859 publizierten Gedanken Darwins aufzunehmen. Diese werden schon in meinen Grazer Vorlesungen 1864—1867 wirksam und äußern sich durch Auffassung des Wettstreites der wissenschaftlichen Gedanken als Lebenskampf, als Überleben des Passendsten. Diese Ansicht widerspricht nicht der ökonomischen Auffassung, sondern läßt sich, diese ergänzend, mit ihr zu einer biologisch-ökonomischen Darstellung der Erkenntnislehre vereinigen. In kürzester Art ausgedrückt erscheint dann als Aufgabe der wissenschaftlichen Erkenntnis: *Die Anpassung der Gedanken an die Tatsachen und die Anpassung der Gedanken aneinander.* Jeder förderliche biologische Prozeß ist ein Selbsterhaltungsvorgang, als solcher zugleich ein Anpassungsprozeß und ökonomischer als ein dem Individuum nachteiliger Vorgang. Alle förderlichen Erkenntnisprozesse sind Spezialfälle oder Teile biologisch günstiger Prozesse. Denn das physische biologische Verhalten der höher organisierten Lebewesen wird mitbestimmt, ergänzt durch den inneren Prozeß des Erkennens, des Denkens. An dem Erkenntnisprozeß mögen sonst noch die verschiedensten Eigenschaften zu bemerken sein; wir charakterisieren diesen zunächst als *biologisch* und als *ökonomisch*, d. h. zwecklose Tätigkeit ausschließend."

Das ist die kürzeste und prägnanteste Formulierung des Gedankens der Denkökonomie, die Mach gegeben hat.

Planck hatte seinen Vortrag, der zu der Abhandlung Anlaß gegeben hatte, damit abgeschlossen, daß er meinte, mit Argumenten nicht überzeugen zu können und daß nur das ruhige Vertrauen auf die Kraft desjenigen Wortes, welches seit nunmehr neunzehnhundert Jahren als letztes, untrügliches Kennzeichen die falschen Propheten von wahren scheidet, laute: An ihren Früchten sollt ihr sie erkennen!

Mach antwortet darauf in seiner Abhandlung nicht weniger heftig: „Nachdem nun Planck noch mit christlicher Milde zur Achtung für den Gegner gemahnt, brandmarkt er mich schließlich mit dem bekannten Bibelwort als falschen Propheten. Man sieht, die Physiker sind auf dem besten Wege, eine Kirche zu werden und eignen sich auch schon deren geläufige Mittel an. Hierauf antworte ich nun einfach: Wenn der Glaube an die Realität der Atome für Euch so wesentlich ist, so sage ich mich von der physikalischen Denkweise los, so will ich kein richtiger Physiker sein, so verzichte ich auf jede wissenschaftliche Wertschätzung, kurz, so danke ich schönstens für die Gemeinschaft der Gläubigen. Denn die Denkfreiheit ist mir lieber."

Planck erwiderte in einem Artikel „Zur Mach'schen Theorie der physikalischen Erkenntnis"[1]. Darin unterläuft ihm eine Äußerung, die das Bibelwort von den falschen Propheten eher auf ihn selbst als auf Mach anwendbar macht.

„Wo Mach im Sinne seiner Erkenntnistheorie selbständig vorzugehen versucht, gerät er recht oft in die Irre.

Hierher gehört der von Mach beharrlich verfochtene, aber physikalisch ganz unbrauchbare Gedanke, daß der Relativität aller Translationsbewegungen auch eine Relativität aller Drehungsbewegungen entspreche, daß man also z. B. prinzipiell gar nicht entscheiden könne, ob der Fixsternhimmel um die ruhende Erde rotiert, oder ob die Erde gegen den ruhenden Fixsternhimmel rotiert. Der ebenso allgemeine wie einfache Satz, daß in der Natur die Winkelgeschwindigkeit eines unendlich entfernten Körpers um eine im Endlichen liegende Drehungsachse unmöglich einen endlichen Wert besitzen kann, ist also für *Mach* entweder nicht richtig oder nicht anwendbar. Das eine ist für die Mach'sche Mechanik so schlimm wie das andere.

Die physikalischen Begriffsirrungen, welche diese unzulässige Übertragung des Satzes von der Relativität der Drehungsbewegungen aus der Kinematik in die Mechanik schon gestiftet hat, hier des näheren zu schildern, würde zu weit führen. Natürlich hängt damit auch zusammen, daß die Mach'sche Theorie unmöglich imstande ist, dem ungeheuren Fortschritt, der mit der Einführung der kopernikanischen Weltanschauung verbunden ist, gerecht zu werden — ein Umstand, der allein schon genügen würde, um die Mach'sche Erkenntnislehre in etwas bedenklichem Lichte erscheinen zu lassen."

Diese Bemerkung Plancks wurde 1913 von Einstein in einem Brief an Mach, auf den wir noch zurückkommen werden, entschieden abgelehnt. In dem Brief teilt Einstein Mach den Stand seiner Arbeiten

---

[1] Physikalische Zeitschrift, 11. Jg., S. 1186.

über die allgemeine Relativitätstheorie mit und schließt den Brief mit den Worten: „Es ist mir eine große Freude, Ihnen dies mitteilen zu können, zumal jene Kritik Plancks mir schon immer höchst ungerechtfertigt erschienen war."

Heute erscheint uns Recht und Unrecht auf beiden Seiten zu liegen. So wie Mach Unrecht hatte, die Atomtheorie als ein „Dogma der physikalischen Kirche" zu bezeichnen, so hatte Planck Unrecht, die Relativität der Rotationsbewegung zu bestreiten.

Die Polemik Plancks gegen Mach hat Berührungspunkte mit der Polemik Lenins.

So wie Planck die physikalische Realität als einer unabhängig vom erkennenden Subjekt existierenden, objektiven Realität verstanden haben will und damit der Wortführer der erkenntnistheoretischen metaphysischen Richtung in der Naturwissenschaft wird, gegenüber der positivistischen Machs — so verteidigt Lenin die „Existenz der objektiven Außenwelt" als die entscheidende Auffassung des von ihm als einzig richtig anerkannten materialistischen Standpunktes.

Lenin bekämpfte den Empiriokritizismus Machs als den Wegbereiter des Fideismus. Aber Mach war jedem religiösen Denken gegenüber negativ eingestellt. So schreibt er in der „Mechanik" in dem Kapitel „Theologische, animistische und mystische Gesichtspunkte in der Mechanik": „Wenn wir in eine Gesellschaft eintreten, in welcher eben von einem recht frommen Manne die Rede ist, dessen Namen wir nicht gehört haben, so werden wir an den Geheimrat X. oder den Herrn v. Y. denken, wir werden aber schwerlich zuerst und zunächst auf einen tüchtigen Naturforscher raten." Die ganze Weltauffassung Machs, seine Verbundenheit mit der Tradition der Aufklärung, die schon geschildert wurde, läßt das selbstverständlich erscheinen. Im Gegensatz dazu war Planck nicht von einer konfessionellen, aber „kosmischen Religiosität", ähnlich wie Einstein, erfüllt.

Es gibt einiges zu denken, daß die Erkenntnistheorie der religiös veranlagten Denker der Naturwissenschaft und die Erkenntnistheorie des Materialismus so nahe verwandt sind. Der Berührungspunkt beider Denkrichtungen ist die Anerkennung eines „Seins", einer „Substanz" im ontologischen Sinne. Dieser Begriff ist die Voraussetzung einer jeden Metaphysik und damit wird der Materialismus, auch der dialektische, eine Philosophie, die auf Metaphysik gegründet ist.

SEINE LETZTEN JAHRE

Im Jahre 1912 verschlechtert sich der Gesundheitszustand Machs wesentlich. Eine Infektion der Harnwege tritt auf, vermutlich als Folge einer Prostatahypertrophie.

Die aufopfernde Fürsorge seiner ergebenen Frau und vor allem seines Sohnes Ludwig, ermöglicht seine weitere wissenschaftliche Tätigkeit.

Der älteste Sohn Ludwig ist seit seiner Kindheit gewissermaßen ein Famulus des Vaters. Schon als Halbwüchsiger leistet er kleine Hilfsdienste im Laboratorium, als Student der Medizin liest er Korrekturen für den Vater und ist aktiv an den experimentellen Arbeiten Machs beteiligt. Auch sonst ist er zu jeder Hilfe für die Eltern bereit; so setzt er, während eines Ferienaufenthaltes Machs, die Wohnung der Eltern instand und gibt darüber und über anderes brieflichen Bericht. Er besorgt die Literatur und erfüllt jeden Wunsch des Vaters. So stark war die Anhänglichkeit Ludwigs, daß er von den Eltern den Kosenamen Flaxl erhielt. Die tierliebende Familie Mach hielt und liebte Hunde, und der Name wurde von einem Hund auf Ludwig übertragen.

Nach seiner Promotion versucht er kurze Zeit eine Ausbildung in Chirurgie bei Gussenbauer in Wien. Persönliche Zerwürfnisse mit dem Chef, oder vielleicht mehr die Neigung, die Zusammenarbeit mit dem Vater nicht aufgeben zu müssen, veranlassen ihn, die ärztliche Laufbahn aufzugeben.

Er geht nach Jena in die Zeißwerke, um unter der Leitung Abbes zu arbeiten. Hier glaubt er mit Recht, dem Arbeitsgebiet seines Vaters näher zu sein und sein Werk später fördern zu können. Er ist dort tatsächlich sehr erfolgreich. Er erwirbt eine ganze Reihe von optischen Patenten, die ihm nicht nur den Lebensunterhalt, sondern auch den Ankauf eines Besitzes in Vaterstetten bei München ermöglicht, mit Einrichtung eines kostspieligen Laboratoriums, um die physikalischen Versuche für seinen Vater durchführen zu können.

Mach arbeitet zu dieser Zeit an seinem letzten großen Werk „Die Prinzipien der Optik".

Dieser Zusammenarbeit mit seinem Vater zuliebe verzichtet Ludwig auf eine pekuniär glänzende Gelegenheit. Ludwig lehnt den Antrag ab, die Generalvertretung der Zeißwerke in den Vereinigten Staaten anzunehmen. Drängende Briefe aus den Vereinigten Staaten von Paul Carus und Cormack, William James, Jaques Loeb, die auch eine wissenschaftliche Karriere versprechen, sind fruchtlos. Ludwig sieht seinen Platz an der Seite seines Vaters.

Gegen Ende des Jahres 1912 beginnt Ludwig den Vater zu drängen, zu ihm nach Vaterstetten zu ziehen. Er schildert ihm die zukünftige Zusammenarbeit in der schönsten und liebevollsten Weise. Das Drängen des Sohnes ist durch den schlechten Gesundheitszustand des Vaters veranlaßt, von dem er durch die Mutter orientiert ist. Mach, durch sein Leiden ungeduldig und reizbar — eine fortschreitende Schwerhörigkeit macht die Situation noch schwerer —, lehnt die Bitten des Sohnes unter ungerechtfertigten Vorwürfen unfreundlich ab.

Die Antwort Ludwigs ist ein Musterbeispiel von Kindesliebe. Wo die Briefe bisher mit „lieber Tate" begannen (wohl durch den Einfluß der vielen jüdischen Freunde der Familie, wie Jerusalem, Pauli, Popper), beginnt dieser mit „mein einziger Vater". Er schreibt weiter: „Du wirst gewiß gehen — zusammen können wir bei meiner Größe auch über Stiegen kommen. In guter Luft, Sonne und Wald, wird es noch einmal gehen." Und er drängt, der Vater solle doch sobald als möglich nach Vaterstetten kommen.

„... und so möchte ich nur sagen, daß ich für uns eine Zeit gemeinsamer Arbeit ohne Aufschub wünsche und mit allem, was mir zu Gebote steht, herbeiführen will. Ich will die optischen Rückstände wegarbeiten und alles tun, womit ich Dich fördern kann. Sonne wäre ja im Sommer und Winter genug."

Mach arbeitet auch zu dieser Zeit an seinem letzten, noch zu seinen Lebzeiten 1916 erscheinenden Werk: „Kultur und Mechanik." Flaxl sucht für ihn in allen Museen Europas und bei allen Forschungsreisenden und Anthropologen Werkzeuge, wie Schrauben, Feuerbohrer und anderes. So lebt er sich in die Gedanken seines Vaters ein, daß er von einer solchen Reise schreibt: „... Ich werde Dir nach meiner Rückkehr Feuer vormachen. Man muß sich die Technik wie eine längst verlorene Fähigkeit wieder erwerben."

Auch der Sohn Felix, der Maler ist, wird zur Mitarbeit gewonnen und illustriert das Werk.

Im Frühling 1913 läßt sich Mach doch überreden, zu seinem Sohn zu übersiedeln. Er kommt mit einem Sanitätsauto nach Vaterstetten.

Die gesundheitliche und damit seelische Verfassung Machs seit dem Jahre 1912 hat historisch eine besondere Bedeutung. Sie muß bei der Beurteilung der nach dem Tode Machs veröffentlichten ablehnenden Stellungnahme zur Relativitätstheorie mitberücksichtigt werden.

Deswegen lohnt es sich, dokumentarisch ein Bild von seiner seelischen Verfassung in dieser Zeit zu geben, um emotionale Gründe, die ja menschlich nur allzu verständlich sind, auch zu berücksichtigen. Diese seelische Verfassung spiegelt sich in einem Brief von Carus an Mach vom Januar 1912, der den Zweck hat, eine schroffe und wohl ungerechtfertigte Haltung Machs gegenüber Jourdain zu mildern und dem gebrochenen Mann fast in der Art eines Priesters Trost zuzusprechen. Carus war der geeignete Mann dazu. Hier folgt der Brief:

Januar 1912

Soeben erhalte ich Mr. Jourdains Brief mit Einlagen. Erstens einen Brief von Russell und zweitens einen Brief von Ihnen. Der letztere ergreift mich sehr und ich habe denselben sofort zurückgeschickt, da ich weiß, wie Jourdain ihn schätzen wird; aber es rührt mich, mit welcher Ruhe Sie von Ihrem nahen Ende sprechen. Ich hoffe, daß ich Sie auch einmal, und hoffentlich in Begleitung meiner Frau, sehen werde. Ich habe öfters Freunden und Bekannten Ihre Methode des Arbeitens erzählt, daß ich Sie zwar gelähmt, aber in vollem Besitze Ihrer Geisteskräfte und tatsächlich in Geistesfrische gefunden habe, und daß ich nichts mehr hoffe, als Sie in Gesellschaft Ihrer treuen und guten Gattin wieder zu sehen. In Betreff Jourdain habe ich folgendes zu sagen: Sie sind glücklich und bevorzugt im Vergleich zu ihm. Er ist ein hoffnungsloser Invalide und möchte noch eher sterben als Sie. Als Kind war er krank und litt an Meningitis (einer Rückenmarkskrankheit[1]). Jetzt lebt er nur im Rollstuhl.

---

[1] Jourdain litt an Friedreich'scher Ataxie.

Sie können doch gehen, er nicht. Sie sind halb lahm, er ganz lahm, und es ist ein Wunder, daß er dabei so intensiv geistig tätig sein kann. Er ist ein Freund des mathematischen Logikers Russell, den er im letzten Monist so kritisiert hat. Und wieviel selbstgemachtes und unnötiges Unglück in der Welt noch ist! Dieser geniale Russell ist von seiner Frau geschieden. Nichts erscheint mir so schrecklich wie das, und wie schön erschien mir Ihr Leben — und nicht zu vergessen mein eigenes —, wenn ich sehe, was Ihnen Ihre liebe und hochverehrte Frau jetzt ist. Ich weiß nicht, was den Prof. Russell und seine Frau, Mrs. Russell, die eine reiche Amerikanerin sein soll, auseinandergetrieben hat. Ich bedaure beide, und wenn ich dann zurückdenke an das Bild, das ich in Ihrem Haushalt gesehen habe, so kann ich nur sagen — trotz all dem Unglück, das Sie durchzumachen haben, sind Sie doch glücklich. Ich selbst wenigstens wünsche nicht, daß meine Frau vor mir stirbt, ich wünsche, daß, wenn ich sterbe, sie mir die letzten Dienste leistet, und wenn ich die Augen zur ewigen Ruhe schließe, sie meine Hand in der ihren hält.

Jourdain ist ein Bewunderer Ihres Lebenswerkes und der arme Mann ist ein lahmer Krüppel fast zeitlebens gewesen. Er hat nicht einmal eine Lebensgefährtin gehabt, deren Sympathie ihm den letzten schweren Moment erleichtern wird. Solche Leute wie er — gelähmt und von aller Lebensfreude abgetrennt — sind wirklich zu bedauern und ich erscheine mir glücklich, trotz allen Unannehmlichkeiten, die ich im Leben durchgemacht habe. Ich kann doch mit Goethe sagen, und das trifft bei ihnen zu: „Ich besaß es doch einmal, was so köstlich ist." Sein Leben ist und war immer leer. Ich lerne an solchen Beispielen und gedenke des schönen Wortes des Psalms über das menschliche Leben „Und wenn es köstlich war, so ist es Müh und Arbeit gewesen". Ihr Leben war Mühe und Arbeit und Sie haben es sich nicht verbittern lassen, als Ihnen ein hoffnungsreicher Sohn in so unnötiger Weise starb.

Ich habe auch Schweres durchgemacht, aber ich finde, daß Leiden die allgemeine Regel des Lebens ist und daß es Güter gibt, die alles Leiden aufwiegen. Darum, Ihr Leben so gut wie das meine, gehört zu den bevorzugten und behalten Sie das im Sinne. Ich fühle, daß ich mich fortreißen lasse in meinen Empfindungen, aber ich weiß, daß die tiefinnersten Empfindungen ein wichtiger, vielleicht der wichtigste Teil unseres Lebens sind. Unser Gemütsleben ist vielleicht von noch tieferer Bedeutung als das, was uns vergönnt ist, für die Wissenschaft oder für die Philosophie, für die Erklärung der Lebensrätsel zu tun. Das letztere ist bleibender. Es ist unsere Unsterblichkeit — aber das erstere, unser Gemütsleben, das sind wir selber. Was nun Jourdain anbelangt, so möchte ich sagen, das beste wird sein, wenn er Ihnen zuschickt, was er zu sagen hat, in Berichtigung oder in Ergänzung Ihrer Arbeit, und Sie haben Gelegenheit anzusehen, was er nun zu sagen hat. Es scheint mir nicht nötig, daß Sie alles kritisch nachprüfen. Ich habe den Eindruck, daß er zu Ihnen als seinem Meister aufblickt. Er hat Ihre Werke studiert, die Quellen nachgeschlagen, sie verifiziert oder zuweilen sie nicht genug genau gefunden. Lassen Sie ihn sagen, was er zu sagen hat. Sie können sicher sein, daß er in passender und würdiger Weise Ihren Fußstapfen folgt. Ich meinerseits will versuchen, darüber zu wachen, daß, was er dann publiziert, in Ihrem Geiste bleibt.

Jourdain fragt an, ob er Ihnen weiterhin seine Ergänzungen zuschicken soll, und ich denke, es wird am besten sein, wenn er es tut, auch wenn Sie sich nicht geneigt sehen, dieselben durchzulesen. Er fühlt damit wenigstens, wenn er dieselben niederschreibt, daß er in Ihrem Sinne arbeitet. Falls Sie nicht in der Stimmung sind, seine Arbeiten sorgfältig durchzulesen, so schicken Sie dieselben ungeprüft weiter oder lassen Sie sich von Ihrem Sohn Ludwig Bericht darüber geben. Und nun will ich schließen. Der Brief ist länger geworden als ich beabsichtigt habe, und Sie müssen mich schon dafür entschuldigen, aber ich fühle unter dem Eindruck des Schlußwortes Ihres Briefes an Jourdain, daß auch für mich die Zeit herankommt, da ich mein Haus bestellen muß und ich muß sagen, daß für mich eine der größten Freuden die gewesen ist, daß es mir vergönnt gewesen war, Ihnen näherzutreten. Trotz mancher theoretischer Differenzen in unserer wissenschaftlichen Auffassung fühle ich mich Ihnen in meinem innersten Seelenleben geistesverwandt, und das bleibt doch die Hauptsache im Leben. Ich hatte die Absicht, Ihrem Sohn Ludwig für seinen freundlichen Brief zu danken und will jetzt nur sagen, daß ich hoffe, ihn bald einmal persönlich wieder zu begrüßen. Wenn ich wieder nach Wien komme, hoffe ich auch Ihre Frau Tochter und Ihren Enkel zu sehen, und so schließe ich denn mit dem Wunsche, daß Sie noch recht lange Ihre geistige Frische bewahren werden und daß wir noch einmal ein Wiedersehen feiern können. Meine Frau sendet Ihnen und Ihrer Frau Gemahlin die besten Grüße und Wünsche für Sie und alle die Ihren, insbesondere Ihrer Frau Gemahlin. Also auf Wiedersehen — in aller Hochachtung und Freundschaft, Ihr ergebener

Paul Carus

Am Anfang der „Prinzipien der Optik" ist folgender Brief an Carus abgedruckt:

An Dr. Paul Carus

La Salle, Illinois, U.S.A.

Verehrter Freund!

Ich erinnere mich der Tage, als sich die ersten Nummern des Open Court zu mir verirrten und langsam zwischen uns sich ein Verkehr anbahnte, der so entscheidend in meinem Leben wurde. Wir begegneten uns in unserem Bemühen um die Verbreitung einer vorurteilslosen Naturauffassung und die Beseitigung hemmender Schranken auf den verschiedensten Gebieten, und hierdurch lernte ich das Stück Kulturarbeit kennen, welches Ihr Haus im Laufe der Zeit in wachsendem Umfange bewältigte. Sie haben damit die einzig mögliche Unsterblichkeit erreicht.

Es ist nicht zuviel gesagt, wenn ich betone, daß ich lediglich durch Ihr Interesse an meinen Arbeiten und Ihre meisterhaften Übersetzungen mit einem großen Kreis in Berührung kommen und fühlen konnte, nicht umsonst gelebt zu haben. Sollte man manchmal meinen Namen nennen, so möge auch stets Ihrer und Edward C. Hegelers dabei gedacht werden.

Inmitten einer für mich vielleicht zum letzten Male blühenden Natur entbiete ich Ihnen und den Ihren einen letzten Gruß, als Ihr alter

Ernst Mach

München, Juli 1913

Im Jahre 1916 veröffentlichte Mach noch das schon angeführte kleine Werk „Kultur und Mechanik". Von der Optik war nur der erste Band beendigt und wurde von Ludwig 1921 nach dem Tode Ernst Machs veröffentlicht. Er starb am 19. Februar 1916.

Ludwig versuchte noch jahrelang, die experimentellen Arbeiten, die in dem Vorwort der „Optik" für den zweiten Band angekündigt waren, fortzusetzen, die dem Zweck dienen sollten, die Relativitätstheorie zu falsifizieren. Dozent Herneck ist nach einer persönlichen Mitteilung der Meinung, daß Mach vor allem das c-Prinzip (Konstanz der Lichtgeschwindigkeit) als „dogmatisch" empfand und vermutlich bezogen sich die Experimente auf diesen Gegenstand.

Zur Zeit des Zweiten Weltkrieges wurden die Untersuchungen Ludwigs durch die Anlage einer Hochspannungsleitung über dem Gebiet, wo er seine Experimente ausführte, unterbrochen. Er soll danach in einem Anfall von Verzweiflung alle Protokolle vernichtet haben, nach einem letzten Willen Ernst Machs, der diese, wenn sie zu keinem Resultate führen sollten, vernichtet haben wollte[1]. So ist Genaueres über diese Arbeiten nicht eruierbar.

---

[1] Die angeführten Angaben verdanke ich der Witwe Ludwig Machs, Frau Anna Karma-Mach.

MACHS STELLUNGNAHME
ZUR RELATIVITÄTSTHEORIE

Welche Bedeutung die Kritik der Newton'schen Mechanik durch Ernst Mach für die Entstehung der Relativitätstheorie Einsteins hatte, zeigt Einstein selbst in seinem Nachruf für Mach (siehe Anhang).

Einstein wurde vor allem durch die positivistischen physikalischen Grundsätze Machs zu seiner speziellen Relativitätstheorie angeregt.

Mach schreibt in der „Mechanik": „Eine Bewegung kann gleichförmig sein in bezug auf eine andere. Die Frage, ob eine Bewegung *an sich* gleichförmig sei, hat keinen Sinn. Ebensowenig können wir von einer absoluten Zeit (unabhängig von jeder Veränderung) sprechen. Diese absolute Zeit kann an gar keiner Bewegung gemessen werden, sie hat auch gar keinen praktischen und keinen wissenschaftlichen Wert."

Herneck schreibt dazu: „Das waren die Gedanken, an die Einstein unmittelbar anknüpfte. Insbesondere das Postulat der ‚Beseitigung des physikalisch Sinnlosen', das bei Mach immer wiederkehrt, hat bei der Begründung der speziellen Relativitätstheorie entscheidende heuristische Bedeutung erlangt. Durch seine Erfüllung — in Verbindung mit dem Ergebnis des Michelson-Morley'schen Versuchs — hat Einstein die entscheidende Einsicht in das Problem der Gleichzeitigkeit gewonnen und die prinzipielle Unmöglichkeit einer Definition der absoluten Gleichzeitigkeit örtlich distanter Ereignisse erkannt. Ganz im Sinne der Mach'schen Forderung erläutert Einstein den mehr erkenntnistheoretischen Gesichtspunkt, der für die Relativitätstheorie charakteristisch sei. (Ich zitiere weiter nach Herneck[1].)

Einstein schreibt an Solovine: „Ein Begriff erhält seine Daseinsberechtigung nur durch seine klare und eindeutige Verknüpfung mit Erlebnissen beziehungsweise mit physikalischen Erfahrungstatsachen.

---

[1] Fr. Herneck, Albert Einstein. Über die philosophischen und politischen Anschauungen des großen Physikers: Forschen und Wirken. Berlin 1960.

So werden in der Relativitätstheorie die Begriffe absolute Gleichzeitigkeit, absolute Geschwindigkeit, absolute Beschleunigung etc. verworfen, weil sich ihre eindeutige Verbindung mit der Erlebniswelt als unmöglich herausstellt . . .

. . . Jedem physikalischen Begriff muß eine solche Definition gegeben werden, daß auf Grund dieser Definition das Zutreffen oder Nichtzutreffen desselben im konkreten Falle prinzipiell entschieden werden kann."

Es ist keine Frage, daß diese Forderung Einsteins eine ausgesprochen positivistische ist.

Sogar der Einfluß des Gedankens der Denkökonomie Machs ist noch in den späteren Jahren bei Einstein zu bemerken, wo er sich bereits von der empiristischen Wissenschaftsauffassung weit entfernt hatte.

So schreibt Herneck sehr richtig: „In einer Besprechung der erkenntnistheoretischen Anschauungen Einsteins muß schließlich auf das Prinzip der ‚Einfachheit' hingewiesen werden, das in seiner Wissenschaftslehre eine bedeutende Rolle spielt. Zwar spricht Einstein ausdrücklich von ‚logischer Einfachheit' und beruft sich dabei gelegentlich auf Plato und Pythagoras.

Es ist jedoch kaum ein Zweifel daran möglich, daß man es hier noch mit dem Einfluß Machs zu tun hat und seinem Prinzip der ‚Denkökonomie', der Forderung der Einfachheit und Sparsamkeit."

Mach und Einstein halten das ptolomäische und kopernikanische Weltsystem für gleich richtige Beschreibungen, das kopernikanische ist aber „einfacher".

Auch die Einstein'sche Hypothese von der räumlichen Endlichkeit der Welt wurde von der Forderung der „Einfachheit" mitbestimmt.

Es ist zweifellos, daß Mach die Entwicklung der Relativitätstheorie zu Beginn mit Sympathie verfolgte.

1910 schreibt er in den „Leitgedanken": . . . für mich sind eben Materie, Zeit und Raum auch noch Probleme, welchen übrigens die Physiker Lorentz, Einstein, Minkowsky allmählich auch näherrücken.

1909 schreibt Einstein von Bern an Mach: „. . . es freut mich, daß Sie Vergnügen an der Relativitätstheorie haben . . ." Er schließt: „. . . Ihr Sie verehrender Schüler Einstein"[1].

Sowohl die Bemerkung in den „Leitgedanken" als auch der Inhalt des von Herneck veröffentlichten Schreibens beweisen, daß Mach die Relativitätstheorie keineswegs von Anfang an abgelehnt hat.

---

[1] Fr. Herneck, Physikalische Blätter, 1961, Heft 6.

Wir haben sogar gute Gründe dafür anzunehmen, daß die Berufung Einsteins nach Prag, zumindest indirekt, dem Einfluß Machs zuzuschreiben ist. Die Berufung nach Prag betrieb der Schüler Machs, Lampa. Lampa berichtet über den Fortschritt der Angelegenheit an Mach in einem Brief vom 18. Dezember 1910: „Die Berufung Einsteins ist, wie Hofrat Keller kürzlich auf eine diesbezügliche Anfrage erklärte, bereits im Zuge"[1].

Daß Mach und seine Anhänger die Relativitätstheorie auf das interessierteste verfolgen und ihr keineswegs ablehnend gegenüberstehen, zeigen folgende Briefstellen von Petzoldt an Mach:

Spandau, 25. V. 13

... Die Relativitätstheorie muß wohl einstweilen auf den Fall relativer konstanter Geschwindigkeiten der Bezugssysteme eingeschränkt werden, wie sie ja auch in den Formeln der Theorie ganz allein enthalten sind. Bevor neue Erfahrungen vorliegen, muß also doch der Fall der Beschleunigung ausgeschlossen werden: Einsteins Zusammensetzung der Geschwindigkeiten dürfte also einstweilen nur eine mathematische Möglichkeit sein[2].

Aber schon kurz darauf schreibt Petzoldt einen Brief, der als Herold eines späteren Briefes Einsteins kommt:

Lieber Freund!

... Vorgestern sprach ich den Relativitätstheoretiker Prof. Laue, der von Zürich zu einem Vortrag in die physikalische Gesellschaft gekommen war. Einstein soll mit der Gravitationsaufklärung im wesentlichen fertig sein und diese Arbeit für das Beste erklärt haben, was ihm gelungen sei. Dabei macht er, nach Laues Äußerung, die Zentrifugalvorgänge von Relativdrehungen der Massen gegeneinander abhängig, also wie Sie es tun.

Mit herzlichen Grüßen von Haus zu Haus,

Ihr getreuer Petzoldt

Kurz darauf erreicht Mach folgender, von Prof. Hoenl aus dem Freiburger Nachlaß veröffentlichter Brief[3]:

---

[1] Nachgelassene Korrespondenz im Ernst-Mach-Institut, Freiburg i. Br.
[2] Nachgelassene Korrespondenz Ernst Machs, Ernst-Mach-Institut, Freiburg i. Br.
[3] HOENL, Ein Brief Albert Einsteins an Ernst Mach. Physikalische Blätter, 1960, Heft 11.

Zürich, 25. 6. 13

Hoch geehrter Herr Kollege!

Dieser Tage haben Sie wohl meine neue Arbeit über Relativität und Gravitation erhalten, die nach unendlicher Mühe und quälendem Zweifel nun endlich fertig geworden ist. Nächstes Jahr bei der Sonnenfinsternis soll sich zeigen, ob die Lichtstrahlen an der Sonne gekrümmt werden, ob m. a. W. die zugrunde gelegte fundamentale Annahme von der Aquivalenz von Beschleunigung des Bezugssystems einerseits und Schwerefeld andererseits wirklich zutrifft.

Wenn ja, so erfahren Ihre genialen Untersuchungen über die Grundlagen der Mechanik — Plancks ungerechtfertigter Kritik zum Trotz — eine glänzende Bestätigung. Denn es ergibt sich mit Notwendigkeit, daß die *Trägheit* in einer Art *Wechselwirkung* der Körper ihren Ursprung hat, ganz im Sinne Ihrer Überlegungen zum Newton'-schen Eimer-Versuch.

Eine erste Konsequenz in diesem Sinne finden Sie oben auf Seite 6 der Arbeit. Es hat sich ferner folgendes ergeben:

1. Beschleunigt man eine träge Kugelschale S, so erfährt nach der Theorie ein von ihr eingeschlossener Körper eine beschleunigte Kraft.

2. Rotiert die Schale S um eine durch ihren Mittelpunkt gehende Achse (relativ zum System der Fixsterne („Restsystem"), so entsteht im Innern der Schale ein Coriolis-Feld, d. h. die Ebene des Foucault Pendels wird (mit einer allerdings praktisch unmeßbar kleinen Geschwindigkeit) mitgenommen.

Es ist mir eine große Freude, Ihnen dies mitteilen zu können, zumal jene Kritik Plancks mir schon immer höchst ungerechtfertigt erschienen war.

Mit größter Hochachtung grüßt Sie herzlichst

Ihr ergebener

A. Einstein

Ich danke Ihnen herzlich für die Übersendung Ihres Buches.

Aus dem Brief geht deutlich hervor, daß Einstein in der Auseinandersetzung zwischen Planck und Mach, die von uns geschildert wurde, auf der Seite Machs stand.

Es geht weiter aus ihm hervor, daß die allgemeine Relativitätstheorie von dem später von Einstein als „Mach'sches Prinzip" bezeichneten Gedanken ausgeht, der aus der Kritik des Newton'schen Eimerversuches erfloß.

Ph. Frank hatte bei einer Unterredung mit Mach im Jahre 1910 den Eindruck, daß Mach vollständig mit Einsteins spezieller Relativitätstheorie übereinstimme und auch besonders mit ihrer philosophischen Basis[1].

Es ist auch wichtig zu bemerken, daß Einstein in dieser Zeit noch keineswegs entschieden mit der empiristischen Wissenschaftsauffassung gebrochen hatte, die Mach vertrat, wie in späteren Jahren, wenn auch vielleicht die Methode bei der Arbeit an der allgemeinen Relativitätstheorie sich nicht mit dieser vertrug.

Während Einsteins Prager Aufenthalt, oder kurz danach, besuchte Einstein Mach in Wien. Die Unterredung soll sich in der Hauptsache um die Probleme der wissenschaftlichen Begriffsbildung und das Prinzip der „Denkökonomie" gedreht haben. Ob die erkenntnistheoretischen Gegensätze damals schon beiden deutlich wurden, wissen wir nicht.

Es ist bemerkenswert, daß die einzige dokumentarisch nachweisbare, ablehnende Stellungnahme Machs zur Relativitätstheorie im Vorwort der „Optik" zu finden ist, die, wie schon erwähnt, nach dem Tode Machs von seinem Sohne Ludwig veröffentlicht wurde.

Mach schreibt: „... Den mir zugegangenen Publikationen und vor allem meiner Korrespondenz entnehme ich, daß mir langsam die Rolle des Wegbereiters der Relativitätslehre zugedacht wird. Nun kann ich mir heute ein ungefähres Bild davon machen, welche Umdeutungen und Auslegungen manche der in meiner Mechanik niedergelegten Gedanken von dieser Seite in Zukunft erfahren werden.

Wenn Philosophen und Physiker den Kreuzzug gegen mich predigten, so mußte ich dies natürlich finden und war damit ganz einverstanden, denn ich war, wie ich dies wiederholt dargetan habe, auf den verschiedenen Gebieten doch nur ein unbefangener Spaziergänger mit eigenen Gedanken, muß es aber nun mit derselben Entschiedenheit ablehnen, den Relativisten vorangestellt zu werden, mit welcher ich die atomistische Glaubenslehre der heutigen Schule oder Kirche für meine Person abgelehnt habe.

---

[1] Briefliche Mitteilungen Frank an Herneck.

Warum aber und inwiefern ich die heutige mich immer dogmatischer anmutende Relativitätslehre für mich ablehne, welche sinnesphysiologischen Erwägungen, erkenntnistheoretische Bedenken und vor allem experimentell gewonnene Einsichten mich hierzu im einzelnen veranlaßten, das soll in der Fortsetzung dieses Werkes dargetan werden.

Gewiß wird die auf das Studium der Relativität verwendete, immer mehr anschwellende Gedankenarbeit nicht verlorengehen, sie ist heute schon für die Mathematik fruchtbringend und von bleibendem Wert; wird sie sich aber in dem physikalischen Weltbild einer ferneren Zeit, das in eine durch mannigfache weitere neue Einsichten erweiterten Welt einzupassen hat, behaupten können, wird sie in der Geschichte der Wissenschaft mehr wie ein geistreiches Aperçu bedeuten?"

Die erkenntnistheoretischen Bedenken Machs können wir leicht erraten, die sinnesphysiologischen Erwägungen sind aus keiner Äußerung Machs zu entnehmen, und die experimentell gewonnenen Einsichten sind nicht überprüfbar, da alles Material von Ludwig vernichtet wurde.

Der zweite Band der „Optik", der in dem Vorwort angekündigt ist, ist nicht geschrieben worden.

Hoenl macht die berechtigte Bemerkung, daß „Mach sich zu der Äußerung *hinreißen* ließ"[1]. Die geschilderte Seelenverfassung des alternden Forschers macht uns diesen affektiven Akt verständlich.

Wo wäre es sonst einem Mach unterlaufen, von experimentell gewonnenen Einsichten zu sprechen, wo diese offensichtlich noch nicht vorhanden waren. Von Arbeiten, die wohl im Zuge, aber keineswegs in einem Stadium waren, um „Einsichten" zu liefern. Denn sonst wären sie ja wohl von Ludwig veröffentlicht worden.

Mit Recht sagt Hoenl, daß zu damaliger Zeit eine gewisse Zurückhaltung, aber keineswegs eine vollständige Ablehnung berechtigt war.

Nach einer brieflichen Mitteilung Ph. Franks an Herneck[2] soll in diesen Jahren der Einfluß Hugo Dinglers, der ein erbitterter Gegner der Relativitätstheorie war, auf Mach gewirkt haben. Tatsächlich lebte er damals in räumlicher Nähe von Mach in München. Machs

---

[1] H. HOENL, Ein Brief Albert Einsteins an Ernst Mach. Physikalische Blätter, 1960, Heft 11.

[2] FR. HERNECK, Nochmals über Einstein und Mach. Physikalische Blätter, 1961, Heft 6.

wissenschaftliches Tagebuch wurde nach seinem Tode von Ludwig an Dingler zur Veröffentlichung gegeben.

Die ablehnende Haltung des alternden Mach gegenüber Einstein, die wir psychologisch verständlich machen wollten, tritt historisch ganz zurück gegen die Bedeutung seiner bahnbrechenden Kritik der Newton'schen Mechanik. Mit dieser hat Mach sich in die unsterblichen Annalen der Geschichte des menschlichen Denkens eingeschrieben.

Nach Niederschrift dieses Kapitels veröffentlichte Fr. Herneck noch zwei Briefe Einsteins an Mach. (Fr. Herneck: Zum Briefwechsel Albert Einsteins mit Ernst Mach — Forschungen und Fortschritte, 37. Jg., Heft 8, Akademieverlag, Berlin.)

Der eine ist der zeitlich früheste vom 9. August 1909, der zweite undatiert, ein Neujahrsbrief (1911/12 oder 1912/13).

Es sei hier darauf aufmerksam gemacht, daß bis 1959 von einer Korrespondenz Einsteins mit Mach nichts bekannt war und vier Schreiben Einsteins an Mach von Herneck aufgefunden und wissenschaftlich ausgewertet wurden. Die Gegenbriefe Machs an Einstein waren nicht auffindbar.

ANHANG

Ernst Mach

Von

ALBERT EINSTEIN

(Aus „Physikalische Zeitschrift"[1] vom 1. April 1916)

In diesen Tagen schied von uns Ernst Mach, der auf die erkenntnistheoretische Orientierung der Naturforscher unserer Zeit von größtem Einfluß war, ein Mann von seltener Selbständigkeit des Urteils. Bei ihm war die unmittelbare Freude am Sehen und Begreifen, Spinozas amor dei intellectualis, so stark vorherrschend, daß er bis ins hohe Alter hinein mit den neugierigen Augen des Kindes in die Welt guckte, um sich wunschlos am Verstehen der Zusammenhänge zu erfreuen.

Wie kommt aber ein ordentlich begabter Naturforscher überhaupt dazu, sich um Erkenntnistheorie zu kümmern? Gibt es nicht in seinem Fache wertvollere Arbeit? So höre ich manche meiner Fachgenossen hierauf sagen, oder spüre bei noch vielen mehr, daß sie so fühlen. Diese Gesinnung kann ich nicht teilen. Wenn ich an die tüchtigsten Studenten denke, die mir beim Lehren begegnet sind, d. h. an solche, die sich durch Selbständigkeit des Urteils, nicht nur durch bloße Behendigkeit auszeichneten, so konstatiere ich bei ihnen, daß sie sich lebhaft um Erkenntnistheorie kümmerten. Gerne begannen sie Diskussionen über die Ziele und Methoden der Wissenschaften und zeigten durch Hartnäckigkeit im Verfechten ihrer Ansichten unzweideutig, daß ihnen der Gegenstand wichtig erschien. Dies ist fürwahr nicht zu verwundern.

Wenn ich mich nicht aus äußeren Gründen, wie Gelderwerb, Ehrgeiz und auch nicht oder wenigstens nicht ausschließlich des sportlichen Vergnügens, der Lust am Gehirn-Turnen wegen einer Wissenschaft zuwende, so muß mich als Jünger dieser Wissenschaft

[1] Verlag Hirzel, Leipzig.

die Frage brennend interessieren: Was für ein Ziel will und kann die Wissenschaft erreichen, der ich mich hingebe? Inwiefern sind deren allgemeine Ergebnisse „wahr"? Was ist wesentlich, was beruht nur auf Zufälligkeiten der Entwicklung?

Um nun Machs Verdienst zu würdigen, darf man nicht die Frage aufwerfen: Was hat Mach in diesen allgemeinen Fragen erdacht, was kein Mensch vor ihm ersann? Die Wahrheit in diesen Dingen muß immer und immer wieder von kräftigen Naturen neu gemeißelt werden, immer entsprechend den Bedürfnissen der Zeit, für die der Bildner arbeitet; wird sie nicht immer neu erzeugt, so geht sie uns überhaupt verloren. So ist es schwer, und auch gar nicht so wesentlich, die Fragen zu beantworten: „Was hat Mach gelehrt, was gegenüber Bacon und Hume prinzipiell neu wäre?" „Was unterscheidet ihn wesentlich von Stuart Mill, Kirchhoff, Hertz, Helmholtz, was den allgemein erkenntnistheoretischen Standpunkt gegenüber den Einzelwissenschaften anlangt?" Tatsache ist, daß Mach durch seine historisch-kritischen Schriften, in denen er das Werden der Einzelwissenschaften mit so viel Liebe verfolgt und den einzelnen auf dem Gebiete bahnbrechenden Forschern bis ins Innere ihres Gehirnstübchens nachspürt, einen großen Einfluß auf unsere Generation von Naturforschern gehabt hat. Ich glaube sogar, daß diejenigen, welche sich für Gegner Machs halten, kaum wissen, wieviel von Mach'scher Betrachtungsweise sie sozusagen mit der Muttermilch eingesogen haben.

Nach Mach ist Wissenschaft nichts anderes, als Vergleichung und Ordnung der uns tatsächlich gegebenen Bewußtseinsinhalte nach gewissen, von uns allmählich ertasteten Gesichtspunkten und Methoden. Physik und Psychologie unterscheiden sich also voneinander nicht in dem Gegenstande, sondern nur in den Gesichtspunkten der Anordnung und Verknüpfung des Stoffes. Als seine wichtigste Aufgabe scheint es Mach vorgeschwebt zu sein, an den von ihm beherrschten Einzelwissenschaften darzutun, wie sich diese Ordnung im einzelnen vollzogen hat. Als Resultate der Ordnungstätigkeit ergeben sich die abstrakten Begriffe und die Gesetze (Regeln) ihrer Verknüpfung. Beide werden so gewählt, daß sie zusammen ein ordnendes Schema bilden, in welches sich die zu ordnenden Gegebenheiten sicher und übersichtlich einreihen lassen. Begriffe haben nach dem Gesagten nur Sinn, sofern die Dinge aufgezeigt werden können, auf die sie sich beziehen, sowie die Gesichtspunkte, gemäß welchen sie diesen Dingen zugeordnet sind (Analyse der Begriffe).

Die Bedeutung solcher Geister, wie Mach, liegt nun keineswegs nur darin, daß sie gewisse philosophische Bedürfnisse der Zeit befriedigen, die der eingefleischte Fachwissenschaftler als Luxus bezeichnen mag. Begriffe, welche sich bei der Ordnung der Dinge als nützlich erwiesen haben, erlangen über uns leicht eine solche Autorität, daß wir ihres irdischen Ursprungs vergessen und sie als unabänderliche Gegebenheiten hinnehmen. Sie werden dann zu „Denknotwendigkeiten", „Gegebenen a priori" usw. gestempelt. Der Weg des wissenschaftlichen Fortschrittes wird durch solche Irrtümer oft für lange Zeit ungangbar gemacht. Es ist deshalb durchaus keine müßige Spielerei, wenn wir darin geübt werden, die längst geläufigen Begriffe zu analysieren und zu zeigen, von welchen Umständen ihre Berechtigung und Brauchbarkeit abhängt, wie sie im einzelnen aus den Gegebenheiten der Erfahrung herausgewachsen sind. Dadurch wird ihre allzu große Autorität gebrochen. Sie werden entfernt, wenn sie sich nicht ordentlich legitimieren können, korrigiert, wenn ihre Zuordnung zu den gegebenen Dingen allzu nachlässig war, durch andere ersetzt, wenn sich ein neues System aufstellen läßt, das wir aus irgendwelchen Gründen vorziehen.

Derartige Analysen erscheinen dem Fachwissenschaftler, dessen Blick mehr auf das Einzelne gerichtet ist, meist überflüssig, gespreizt, zuweilen gar lächerlich. Die Situation ändert sich aber, wenn einer der gewohnheitsmäßig benutzten Begriffe durch einen schärferen ersetzt werden soll, weil es die Entwicklung der betreffenden Wissenschaft erheischt. Dann erheben diejenigen, welche den eigenen Begriffen gegenüber nicht reinlich verfahren sind, energischen Protest und klagen über revolutionäre Bedrohung der heiligsten Güter. In dies Geschrei mischen sich dann die Stimmen derjenigen Philosophen, welche jenen Begriff nicht entbehren zu können glauben, weil sie ihn in ihr Schatzkästlein des „Absoluten", des „a priori" oder kurz derart eingereiht hatten, daß sie dessen prinzipielle Unabänderlichkeit proklamiert hatten.

Der Leser errät schon, daß ich hier vorzugsweise auf gewisse Begriffe der Lehre von Raum und Zeit sowie der Mechanik anspiele, welche durch die Relativitätstheorie eine Modifikation erfahren haben. Niemand kann es den Erkenntnistheoretikern nehmen, daß sie der Entwicklung hier die Wege geebnet haben; von mir selbst weiß ich mindestens, daß ich insbesondere durch Hume und Mach direkt und indirekt sehr gefördert worden bin. Ich bitte den Leser, Machs Werk: „Die Mechanik in ihrer Entwicklung" in die Hand zu nehmen und die unter 6. und 7. im zweiten Kapitel gegebenen Betrachtungen („Newtons Ansichten über Zeit, Raum und Bewegung" und „Übersichtliche Kritik der Newton'schen Aufstellungen") zu lesen. Dort finden sich Gedanken meisterhaft dargelegt, die noch keineswegs Gemeingut der Physiker geworden sind. Diese Partien sind noch deshalb besonders anziehend, weil sie an wörtlich zitierte Stellen Newtons anknüpfen. Hier einige Rosinen:

Newton: „Die absolute, wahre und mathematische Zeit verfließt an sich und vermöge ihrer Natur gleichförmig und ohne Beziehung auf irgendeinen äußeren Gegenstand. Sie wird auch mit dem Namen Dauer belegt."

„Die relative, scheinbare und gewöhnliche Zeit ist ein fühlbares und äußerliches, entweder genaues oder ungleiches Maß der Dauer, dessen man sich gewöhnlich statt der wahren Zeit bedient, wie Stunde, Tag, Monat, Jahr."

Mach: „... Wenn ein Ding A sich mit der Zeit ändert, so heißt dies nur, die Umstände eines Dinges A hängen von den Umständen eines anderen Dinges B ab. Die Schwingungen eines Pendels gehen in der Zeit vor, wenn dessen Exkursion von der Lage der Erde abhängt. Da wir bei Beobachtung des Pendels nicht auf die Abhängigkeit von der Lage der Erde zu achten brauchen, sondern dasselbe mit irgendeinem anderen Ding vergleichen können (...), so entsteht leicht die Meinung, daß alle diese Dinge unwesentlich seien .. Wir sind außerstande, die Veränderungen der Dinge an der *Zeit* zu messen. Die Zeit ist vielmehr eine Abstraktion, zu der wir durch die Veränderung der Dinge gelangen, weil wir auf kein bestimmtes Maß angewiesen sind, da eben alle untereinander zusammenhängen."

Newton: „Der absolute Raum bleibt vermöge seiner Natur und ohne Beziehung auf einen äußeren Gegenstand stets gleich und unbeweglich."

„Der relative Raum ist ein Maß oder ein beweglicher Teil des ersteren, welcher von unseren Sinnen, durch seine Lage gegen andere Körper bezeichnet und gewöhnlich für den unbeweglichen Raum genommen wird."

Dann folgt eine entsprechende Definition der Begriffe „absolute Bewegung" und „relative Bewegung". Hierauf:

„Die wirkenden Ursachen, durch welche absolute und relative Bewegung voneinander verschieden sind, sind die Fliehkräfte von der Achse der Bewegung. Bei einer nur relativen Kreisbewegung existieren diese Kräfte nicht, aber sie sind kleiner oder größer, je nach Verhältnis der Größe der (absoluten) Bewegung."

Es folgt nun die Beschreibung des wohlbekannten Eimerversuches, welcher die letzte Behauptung anschaulich begründen soll.

Die Kritik, welche Mach diesem Standpunkt zuteil werden läßt, ist sehr interessant; ich zitiere aus derselben einige besonders prägnante Stellen. „Wenn wir sagen, daß ein Körper K seine Richtung und Geschwindigkeit nur durch den Einfluß eines anderen Körpers K' ändert, so können wir zu dieser Einsicht gar nicht kommen, wenn nicht andere Körper $A, B, C\ldots$ vorhanden sind, gegen welche wir die Bewegung des Körpers K beurteilen. Wir erkennen also eigentlich eine Beziehung des Körpers K zu $A, B, C\ldots$ Wenn wir nun plötzlich von $A, B, C\ldots$ absehen und von einem Verhalten des Körpers K im absoluten Raum sprechen wollten, so würden wir einen doppelten Fehler begehen. Einmal könnten wir nicht wissen, wie sich K bei Abwesenheit von $A, B, C\ldots$ benehmen würde, dann aber würde uns jedes Mittel fehlen, das Benehmen des Körpers K zu beurteilen und unsere Aussage zu prüfen, welche demnach keinen naturwissenschaftlichen Sinn hätte."

„Die Bewegung eines Körpers K kann immer nur beurteilt werden in bezug auf andere Körper $A, B, C\ldots$ Da wir immer eine genügende Anzahl gegeneinander relativ festliegender oder ihre Lage nur langsam ändernder Körper zur Verfügung haben, so sind wir hierbei auf keinen bestimmten Körper angewiesen und können bald von diesem, bald von jenem absehen. Hierdurch entstand die Meinung, daß diese Körper überhaupt gleichgültig seien."

„Der Versuch Newtons mit dem rotierenden Wassergefäß lehrt nur, daß die Relativdrehung des Wassers gegen die Gefäßwände keine merklichen Zentrifugalkräfte weckt, daß dieselben aber durch die Relativdrehung gegen die Masse der Erde und die übrigen Himmelskörper geweckt werden. Niemand kann sagen, wie der Versuch verlaufen würde, wenn die Gefäßwände immer dicker und massiger und zuletzt mehrere Meilen dick würden..."

Die zitierten Zeilen zeigen, daß Mach die schwachen Seiten der klassischen Mechanik klar erkannt hat und nicht weit davon entfernt war, eine allgemeine Relativitätstheorie zu fordern, und dies schon vor fast einem halben Jahrhundert! Es ist nicht unwahrscheinlich, daß Mach auf die Relativitätstheorie gekommen wäre, wenn in der Zeit, als er jugendfrischen Geistes war, die Frage nach der Bedeutung der Konstanz der Lichtgeschwindigkeit schon die Physiker bewegt hätte. Beim Fehlen dieser aus der Maxwell-Lorentz'schen Elektrodynamik fließenden Anregung reichte auch Machs kritisches Bedürfnis nicht hin, um das Gefühl der Notwendigkeit einer Definition der Gleichzeitigkeit örtlich distanter Ereignisse zu erwecken.

Die Betrachtungen über Newtons Eimerversuch zeigen, wie nahe seinem Geiste die Forderung der Relativität im allgemeineren Sinne (Relativität der Beschleunigungen) lag. Allerdings fehlt hier das lebhafte Bewußtsein davon, daß die Gleichheit der trägen und schweren Masse der Körper zu einem Relativitätspostulat im weiteren Sinne herausfordert, indem wir nicht imstande sind, durch Versuche darüber zu entscheiden, ob das Fallen der Körper relativ zu einem Koordinatensystem auf das Vorhandensein eines Gravitationsfeldes oder auf einen Beschleunigungszustand des Koordinatensystems zurückzuführen sei.

Mach war seiner geistigen Entwicklung nach nicht ein Philosoph, der sich die Naturwissenschaften als Objekt seiner Spekulationen wählte, sondern ein vielseitig interessierter, emsiger Naturforscher, dem die Erforschung auch abseits vom Brennpunkte des allgemeinen Interesses gelegener Detailfragen sichtlich Vergnügen machte. Hiervon zeugen die schier unzählbaren Einzeluntersuchungen aus dem Gebiete der Physik und empirischen Psychologie, die er teils allein, teils zusammen mit Schülern publizierte. Von seinen physikalischen Experimentaluntersuchungen sind diejenigen über die Schallwellen, welche von Geschossen erzeugt werden, am bekanntesten geworden. War auch der dabei verwendete Grundgedanke nicht prinzipiell neu, so zeigten doch diese Untersuchungen von außergewöhnlicher experimenteller Begabung. Es gelang ihm, die Dichteverteilung der Luft in der Umgebung eines mit Überschallgeschwindigkeit fliegenden Geschosses photographisch aufzunehmen und so über eine Gattung akustischer Vorgänge Licht zu verbreiten, über welche man vor ihm nichts wußte. Sein populärer Vortrag hierüber wird jedem Freude machen, der an physikalischen Dingen Freude haben kann.

Machs philosophische Studien entspringen einzig dem Wunsche, einen Standpunkt zu gewinnen, von dem aus die verschiedenen wissenschaftlichen Fächer, denen er seine Lebensarbeit gewidmet hatte, als ein einheitliches Streben sich auffassen ließen. Alle Wissenschaft faßt er als Streben nach Ordnung der elementaren Einzelerfahrungen auf, die er als „Empfindung" bezeichnete. Diese Wortbezeichnung brachte es wohl mit sich, daß der nüchterne und vorsichtige Denker von solchen, die sich nicht eingehend mit seinen

Werken befaßten, öfter für einen philosophischen Idealisten und Solipsisten gehalten wurde.

Beim Lesen der Mach'schen Werke fühlt man angenehm das Behagen, das der Autor beim mühelosen Niederschreiben seiner prägnanten, treffenden Sätze gefühlt haben muß. Aber nicht nur intellektuelles Vergnügen und Freude am guten Stil machen die Lektüre seiner Bücher immer wieder so anziehend, sondern auch die gütige, menschenfreundliche und hoffnungsfrohe Gesinnung, die oft zwischen den Zeilen hervorschimmert, wenn er über allgemein menschliche Dinge redet. Diese Gesinnung schützte ihn auch vor der Zeitkrankheit, von der heute wenige verschont sind, vor dem nationalen Fanatismus. In seinem populären Aufsatze „Über Erscheinungen an fliegenden Projektilen" hat er es sich nicht versagen können, im letzten Absatze seiner Hoffnung auf eine Verständigung der Völker Ausdruck zu geben.

EINIGE BRIEFE AN ERNST MACH

Franz Brentano an Mach

Unter der nachgelassenen Korrespondenz Ernst Machs befinden sich zwei Briefe von Brentano, die Auskunft über die Beziehungen zwischen beiden Denkern geben. Der erste Brief aus dem Jahr 1895 begrüßt die Berufung Machs nach Wien.

„... Es ist Ihnen wahrscheinlich nicht bekannt, daß ein Zufall es fügte, daß ich im letzten Winter, wo ich ein kleines Kolleg über Positivismus und Monismus las, in dem ersten Teile mich auch mit Ihren Ansichten eingehend beschäftigte. Comte und Kirchhoff führte ich als Vertreter eines inkonsequenten, J. St. Mill und Mach als Vertreter eines vorgeschrittenen Positivismus an. Allerdings suchte ich zu zeigen, wie er in keiner seiner Formen haltbar sei, aber schon die Gesellschaft zeigt Ihnen, daß ich nur mit Achtung Ihrer gedenke.

Es ist und war immer meine Überzeugung, daß die Übereinstimmung in einzelnen Aufstellungen — und wären es selbst solche von weittragender Bedeutung — von minderem Belange ist, als die Übereinstimmung in der Methode der Forschung."

Im Jahre 1901 schreibt der Prager Dr. Eisenmeyer einen Brief aus Florenz, Via Bellosguardo 10, dem Wohnsitz Brentanos.

Er schreibt, Brentano würde sich freuen, mit Mach benachbart zu wohnen, er sei im Begriffe, in der Nachbarschaft eine Wohnung für Mach zu mieten. Er bedaure, daß er bei dem Gedankenaustausch zwischen Brentano und Mach nicht werde anwesend sein können, da er im Begriffe sei, Florenz zu verlassen, seiner Habilitation in Prag wegen.

Aus der Familienkorrespondenz Machs ist ersichtlich, daß zur Zeit der Pensionierung Machs im Jahr 1901 Pläne bestanden, nach Italien zu gehen, die aber nicht verwirklicht wurden.

Offensichtlich fand aber doch später, bei einem Besuch Brentanos bei Mach, eine eingehende Aussprache statt, wie folgender Brief zeigt:

Hochgeehrter Herr Hofrat!

Ihre so herzlichen Worte haben mich vor vielem anderen gefreut. Auch waren diese es, die mir zuerst von dem Artikel Kenntnis gaben, den die Neue Freie Presse mir widmet. Nun habe ich ihn selbst in Händen und freue mich der treuen Liebe, die aus ihm spricht. Sie kontrastiert gegen das Benehmen Anderer, die als direkte Schüler mir sogar mehr verpflichtet scheinen. Sie selbst spielen darauf an. Doch mein Leben zeigt, was Vergeltung anlangt, ja noch gar manche Anomalität[1].

Sie gedenken meines letzten Besuches. Auch ich bedauerte sehr, daß die Umstände uns die Möglichkeit eines eingehenderen Gespräches raubten. Und wie beklagenswert ist es, daß wir nicht schon früher in lebendigeren persönlichen Kontakt gekommen sind!

Auch in betreff Boltzmanns hatte ich ein ähnliches Gefühl, als er sich plötzlich als mein Gast hier in Belloguardo einfand, um wochenlang zu verweilen, stets begierig aufnehmend, teils mir seine eigentümliche Arithmosophie (wie ich das Kind ihm taufte) entwickelnd. An wahrem philosophischem Interesse und auch an lauterer Liebe zur Wahrheit fehlte es ja dem wissenschaftlich hochbegabten Manne nicht. Und doch, zu was für wunderlichen Spekulationen war er nicht gekommen? Sie selbst wissen ja gewiß gar manches davon, obwohl nicht so viel wie ich, wenn anders es richtig ist, was er mir dankbar bekannte, daß ich der erste Mensch gewesen bin, der ihn anzuhören die Geduld hatte.

Das war nun auch, offen gestanden, keine Kleinigkeit. Doch anderemale wurde das Gespräch wahrhaft interessant und fruchtbar, namentlich wenn das Gespräch sich den Prinzipien der Wahrschein-

---

[1] Einen guten und getreuen Bericht über das Leben Brentanos findet man bei Alfred Kastil, „Die Philosophie Franz Brentanos." A. Francke-Verlag, Bern 1951.

lichkeitslehre oder auch dem Problem zuwandte, ob und wie etwa mit Sicherheit eine wahre Kontinuität (und wäre sie auch nur phänomenal) als Tatsache zu erweisen sei.

Hätte jemand uns damals zugehört, so würde er wohl einen anderen Eindruck von meiner Philosophie empfangen haben, als ihn die „Zeit", die mich zum Scholastiker macht, oder selbst der gute Kraus, der, ohne eigentlich Falsches zu sagen, mich wie einen Mystiker erscheinen läßt, erwecken dürfte.

Auch er selbst ist es aber keineswegs, vielmehr ein wahrhaft tüchtiges Talent wie ein wackerer Charakter, der s. Z. von Krasnopolsky, weil er für mich Zeugnis gab, verfolgt worden ist und dem, wie anderen, der Antisemitismus anderwärts den Weg verlegt. Ich weiß, wie sehr Ihr edler Gerechtigkeitssinn diese Zustände bedauert.

Werden sie unter dem künftigen Kaiser anders werden? — Nichts ist, was es wahrscheinlich macht, wenn nicht etwa dies, daß es unwahrscheinlich ist in einem Reich der Unwahrscheinlichkeiten.

Mit nochmaligem Dank für die freundlich bewiesene Teilnahme,

Ihr
       hochachtungsvoll ergebener
                               Franz Brentano

Florenz, 31. Jan. 8

Couturat an Mach

Im Freiburger Nachlaß befinden sich 15 Briefe von Couturat an Mach aus dem Zeitraum 1889 bis 1907.

Es lassen sich eine Reihe von Belegen dafür bringen, daß Mach der Forschungsrichtung Couturat's mit — wenn auch distanziertem — Verständnis gegenüberstand.

In „Erkenntnis und Irrtum", S. 113, schreibt Mach:

„Da die Logik sich der Sprache bedienen muß, hat sie sich mit den historisch hergebrachten grammatischen Formen abzufinden, welche den psychischen Vorgängen durchaus nicht parallel gehen." Und er verweist auf A. Stöhr, Algebra der Grammatik, Wien 1898.

„Wieweit eine Logik, die sich einer künstlichen, selbstgeschaffenen Sprache bedient, sich von diesem Übelstand befreien und genauer an die psychologischen Vorgänge anschließen kann, soll hier nicht erörtert werden." Er verweist in der Fußnote auf Boole „An investigation of the laws of the thought", London 1854.

Im Vorwort zur siebenten Auflage der Mechanik schreibt Mach: „Beide Seiten der Mechanik, die empirische und die logische, fordern ihre Untersuchung. Ich denke, daß dies auch in meinem Buch deutlich zum Ausdruck kommt, wenn auch *meine* Arbeit aus guten Gründen sich besonders der *empirischen* Seite zuwandte."

Im gleichen Sinne schreibt Couturat 1906 an Mach:

„Je suis toujours placé au point de vue de la logique formelle et abstraite, tandis que vos études partent du point de vue psychologique et anthropologique.

Il n'y a pas là une opposition véritable, chacun des deux ordres des recherches est légitime et utile dans sa sphère, et ils se complètent l'un l'autre. C'est pourquoi vos travaux m'offrent un intérêt particulier et je voudrais avoir le temps de les étudier et de rendre compte."

Schon 1889 schreibt Couturat an Mach, wie ihn die Aufmerksamkeit, die Mach seinem Buch „Sur l'infini" geschenkt, erfreut hat.

Couturat und Mach sind beide an den damaligen Bestrebungen interessiert, eine internationale Hilfssprache zu schaffen.

1901 teilt Couturat Mach mit, daß er bemüht ist, das Werk B. Russells „An essay on the foundations of geometry" in Französisch herauszugeben und beklagt sich über den Verleger, der ein so wertvolles Buch nicht verlegen will.

Aber er sorgt auch für die Herausgabe der „Mechanik" Machs in Frankreich. Er verhandelt mit Brockhaus darüber, Poincaré soll das Vorwort schreiben. Er kündigt in einem Brief 1901 seine „Logique de Leibniz" an. Teilt auch mit, er habe nicht herausgegebene Fragmente aus Hannover benützt. Gerhart habe ihm wertvolle Auszüge aus dem Archiv für Geschichte der Philosophie gegeben. Er bestätige völlig seine These, daß die Metaphysik von Leibniz vollkommen hervorgeht aus dem Prinzip seiner Logik.

So wird Mach von Couturat über seine bedeutenden Leibnizforschungen informiert. Beide Forscher senden sich gegenseitig ihre Arbeiten zu.

Daß Mach und seine Schüler sich bemühten, die Forschungen zur Logik zu verfolgen, zeigen folgende Briefstellen von Kleinpeter aus dem Jahre 1904.

„... Die Arbeiten von Couturat habe ich einigemale mit großem Interesse gelesen. Habe das Bedürfnis, mich mit sonstigen Schriften zu dem Gegenstand bekannt zu machen. Namentlich mit Peano, der eigentlich nirgends so recht zitiert und auf den fortwährend verwiesen wird."

Kleinpeter diskutiert weiter eingehend seine Lektüre.
Am 28. Juli 1904:
„... Ich habe die Absicht, mich mit der algebraischen Behandlung der Logik näher zu befassen. *Die Artikel von Couturat waren sehr interessant.*"

Im September 1904: „Für die freundliche Übersendung der Couturat'schen Abhandlungen meinen besten Dank. Ich werde dieselben so bald als möglich zurücksenden."

Bertha von Suttner an Mach

1903 schreibt Bertha v. Suttner folgende Zeilen an Mach:

... Den „Frevel", meinen Aufruf unberücksichtigt zu lassen, begehen circa 40 Millionen Landsleute, aber eine Zustimmung wie die Ihrige, und mit einem so kraftvollen Wort, wiegt mir ungezählte Stimmen auf.

Daß Sie nicht stetig mitarbeiten können, fühle ich Ihnen vollkommen nach, man darf sich nicht zersplittern und ich weiß aus eigener Erfahrung, wie sehr man allseitig mit Arbeit überbürdet wird.

Aber könnte ich nicht *den* Gewinn von Ihrer Sympathie genießen, daß ich einmal Gelegenheit hätte, Ihnen persönlich die Hand zu drücken — wann? — wie? Gerne komme ich zu Ihnen oder sehe Sie bei mir.

Bitte um Bescheid.

Ihre Sie unendlich verehrende

Suttner

Hans Vaihinger an Mach

Halle, den 11. September 1884

Verehrter Herr Professor!

Bei meiner Rückkehr, die sich durch einen mehrtägigen Aufenthalt in Dresden verzögerte, fand ich Ihre freundliche Karte vor. Mit dem Dank für Ihre große Liebenswürdigkeit verbinde ich den Ausdruck lebhaftesten Bedauerns, daß Sie mich verfehlt haben, da ich, ohne Hoffnung auf Besserung der Witterung, schon in aller Frühe abgereist war. Ich bedaure das nachträglich, da ich gerne über mehrere Punkte Ihrer Schriften noch Ihre weitere mündliche Belehrung einholen würde.

Ihren mir freundlichst mitgegebenen Vortrag über „Die ökonomische Natur der physikalischen Forschung" habe ich mit großem Interesse gelesen, und ich suche immer mehr in den Zusammenhang Ihrer methodologischen Auffassung mit Ihren philosophischen Positionen (in engerem Sinn) einzudringen, da mir diese Gedankenreihen ebensosehr sachlich wie in der Art ihrer Gewinnung und Darstellung sehr sympathisch sind. Gestatten Sie mir, in revanche Ihnen einige Arbeiten von mir beizulegen. In meinen früheren Publikationen bin ich von Langes Geschichte des Materialismus sehr stark beeinflußt gewesen, wie dies besonders in einer eigenen Schrift über Lange der Fall gewesen ist. Später habe ich unter dem Einfluß naturwissenschaftlicher psychologischer, logischer, erkenntnistheoretischer Studien, den einseitigen Kantianismus Langes empiristisch ergänzt, nicht ohne Beeinflussung durch Avenarius, den ich sehr hoch schätze und von dem ich noch sehr viel erwarte. Ein Zeugnis dieser empiristischen Weiterbildung gestatte ich mir, Ihnen in dem Aufsatz: „Das Entwicklungsgesetz der Vorstellungen über das Reale" beizulegen, er ist in der Zeitschrift von Avenarius im Jahre 1878 erschienen. Ich glaube, daß Sie in demselben eine der Ihrigen nahe verwandte Auffassung der letzten erkenntnistheoretischen Probleme finden werden.

Späterhin sah ich mich durch verschiedene äußere und innere Gründe veranlaßt, mich zunächst mehr mit historisch-kritischen Arbeiten zu befassen. Ich begann einen Kommentar zu Kants Kritik der reinen Vernunft, nicht als Anhänger oder Apologet, sondern als unbefangener exakter Exeget, zugleich aber durch die schärfste immanente Kritik die Unhaltbarkeit der Kant'schen Position aufzuzeigen. Außer der etwas populären Jubiläumsvorlesung gestatte ich mir, meine letzte Arbeit dieser Art über den berühmten Abschnitt der Kr. d. r. V. (Widerlegung des Idealismus) Ihnen beizulegen; ich wage die Hoffnung, daß das Thema auch Ihr freundliches Interesse erwecken dürfte; der erste Teil gibt eine historische Übersicht über die Entwicklung des fraglichen Punktes, der zweite den Nachweis der vollständigen Unhaltbarkeit der Kant'schen Annahmen; die Beschränkung auf eine immanente Kritik dabei ist zwar ein schmerzliches Opfer, aber sie ist methodisch in diesem Falle absolut geboten.

Monistische Gedanken in dem Sinne, wie Sie das Wort ... hat auch ähnlich in sehr absonderlicher Form Czolbe ausgesprochen, über den ich in den „Philosophischen Monatsheften", Jahrgang 1876, eingehend berichtet habe; Avenarius, der den Bericht kennt, fand die

Ähnlichkeit auch. In sehr seltsamer und unwissenschaftlicher Form finden sich Anklänge davon bei J. H. von Kirchmann; von diesem erschien u. a. im Jahre 1880 ein Vortrag: „Über die Gegenständlichkeit der in der Sinneswahrnehmung enthaltenen Eigenschaften der Dinge" (in den Verhandlungen der Philos. Gesellschaft in Berlin, Leipzig 1880). Sollte dies vielleicht die von Ihnen gesuchte „kleine Schrift" sein?

Noch eins. Sie sprachen besonders in Ihrer Geschichte der Mechanik mehrfach von Hilfsvorstellungen (Fiktion). Mit diesem Thema habe ich mich viel, sehr viel beschäftigt. Im Jahre 1876 habilitierte ich mich in Straßburg mit einer großen Schrift über dieses Thema, welche aber bis jetzt ungedruckt geblieben ist; aus mehreren Gründen habe ich deren Veröffentlichung auf eine spätere Zeit verschoben. Ich behandle darin alle Hilfsvorstellungen in sämtlichen Wissenschaften, gebe eine vollständige logische Theorie derselben und begründe, unter Aufdeckung der fundamentalsten derselben (z. B. Atom), den erkenntnistheoretischen Monismus und damit die moderne Weltbetrachtung in einer, wie ich glaube, ganz selbständigen Weise.

Mit dem Ausdruck besonderer Hochachtung

Ihr ganz ergebener

M. Vaihinger

Halle 1911

... Gestatten Sie, daß ich Ihnen gleichzeitig ein Werk überreiche, von dem ich vielleicht voraussagen darf, daß es einiges Interesse für Sie haben möchte, denn in diesem Werk sind Gedanken ausgesprochen, welche sich zum Teil sehr nahe berühren mit demjenigen, was Sie selbst in Ihren verschiedenen Meisterwerken dargelegt haben; freilich ist in dem Werk selbst Ihr Name nicht genannt, aber aus denjenigen Gründen, welche in der Vorrede des Herausgebers mitgeteilt sind.

Das Werk ist schon vor einem Menschenalter entstanden und kommt aus verschiedenen Gründen erst jetzt zur Veröffentlichung. Um so mehr bemerkenswert ist es vielleicht, daß die in dem Werke enthaltenen Gedanken sich so nahe berühren mit den Ihrigen; es darf darin eine Gewähr dafür gefunden werden, daß diese Gedanken brauchbar und haltbar sind. In dem Vorwort des Verfassers allerdings konnte noch hingewiesen werden auf diese nahe Verwandtschaft, freilich schlägt das Werk auch andererseits Wege ein, auf denen Sie wohl schwerlich folgen wollen, und auch sonst im Einzelnen dürfte sicher sehr vieles sein, was nicht auf Ihr freundliches Einverständnis rechnen darf.

Hätte das Werk freilich das Glück gehabt, schon Ihre Publikationen benützen zu können, die damals noch nicht erschienen waren, dann hätte es sicher an Wert und Bedeutung viel gewonnen, aber dieser sichere Führer fehlte dem Werk und seinem Verfasser in den Jahren, als es entstand (1875—1878), als das Werk eines dreiundzwanzigjährigen bis sechsundzwanzigjährigen jungen Mannes.

Es würde mich außerordentlich freuen, wenn das Werk trotzdem Ihren Beifall finden würde, und so wage ich es Ihnen zu übersenden mit der Bitte, es freundlich aufzunehmen und zu prüfen.

In aufrichtiger Verehrung

Vaihinger

Halle, den 20. Mai 1911

Hochverehrter Herr College,

haben Sie verbindlichsten Dank für die liebenswürdige Übersendung Ihrer beiden Publikationen, sowohl der einen aus Ihrer Frühzeit als der anderen aus der Gegenwart. Ich habe beide mit großem Interesse gelesen und daraus ersehen, daß Sie schon im Jahre 1871 die Grundlinien gelegt haben, welche Sie in Ihren verschiedenen monumentalen Werken zum Ausdruck bringen.

Von besonderem Interesse war es mir, in der zweiten Abhandlung zu lesen, daß Sie in Ihrer Jugend durch Kant beeinflußt waren.

Der Verfasser des Werkes, das ich Ihnen zugesandt habe, *bin ich selbst*; ich habe es geschrieben, als ich noch nicht 25 Jahre alt war und publiziere es jetzt als bald 60jähriger. Aus diesem Grunde habe ich mich als Herausgeber bezeichnet, da ich dem Werk, welches ich nicht umarbeiten konnte und aus verschiedenen Gründen nicht umarbeiten wollte, jetzt ganz objektiv gegenüberstehe. Auch hätte es einen wunderlichen Eindruck gemacht, wenn ich ein so altes Werk so ohne weiteres unter meinem Namen herausgegeben hätte. So zog ich aus ästhetisch-literarischen Gründen die *Fiktion* vor, als seien Herausgeber und Verfasser getrennte Persönlichkeiten. Aber ich mache gar kein Hehl daraus, daß ich der Verfasser bin — im Gegenteil —, ich wünsche, daß es bekannt wird und teile es auch jedem mit. Auch ist es denjenigen, welche mit meinen früheren Schriften bekannt sind und insbesondere mit meiner Stellung zu F. A. Lange, ohne weiteres unzweifelhaft.

Als ich im Jahre 1877 das Buch schrieb, kannte ich leider Ihre Abhandlung von 1872 nicht; um so wertvoller ist es, daß wir, auf getrennten Wegen marschierend, doch in einigen Hauptpunkten zusammentreffen.

Es würde mich außerordentlich freuen, wenn Sie dem Buch Ihre Aufmerksamkeit schenken wollten; vielleicht haben Sie unterdessen die Zeit gefunden, sich mit demselben näher zu beschäftigen. Das Buch findet von den verschiedensten Seiten gute Aufnahme, man erkennt an, daß es zur rechten Zeit kommt, um in die Diskussion einzugreifen, besonders auch in die durch den Pragmatismus hervorgerufene. Speziell aus Wien habe ich freundliche Worte der Aufnahme bekommen, und so werde ich mich freuen, von Ihnen erfahren zu dürfen, was Sie über das Buch denken.

Freilich wäre es eine zu schwere Zumutung an Sie, das dicke Buch ganz durchlesen zu wollen, aber das Vorwort des Verfassers und die detaillierte Inhaltsangabe sowie auch das Sachregister ermöglichen es ja, dasjenige leicht herauszufinden, was den Einzelnen besonders interessieren kann; so werden Sie diejenigen Punkte, welche Ihnen besonders naheliegen könnten, ohne große Mühe auffinden und auf diese Weise sich ein abschließendes Urteil bilden.

Gerade weil ich selbst auch schon dem Greisenalter entgegengehe und nicht mehr allzuviel Jahre des Wartens habe, würde es mich freuen, von Ihnen zu erfahren, welchen Eindruck das Buch auf Sie gemacht hat.

In kollegialer Verehrung

Vaihinger

P. S. Mein Besuch bei Ihnen, dessen ich mich mit Vergnügen erinnere, fällt in das Jahr 1884. Ich bin in der Tat 14 Jahre jünger als Sie und schrieb es auch als 25jähriger 1877.

Halle, den 29. 5. 1911

(Kopf der Kantgesellschaft, Schriftführer Vaihinger)

... Das Werk (E. u. I.) ist mir schon deshalb bekannt, weil ich, als ich noch mein Amt ausübte, das ich im Jahre 1906 wegen meines Augenleidens niedergelegt habe, damals gerade noch eine Staatsexamenaufgabe aus dem Buch einem Kandidaten geben konnte. Von besonderem Wert sind mir weiterhin Ihre populärwissenschaftlichen Vorlesungen, die ich bis jetzt noch nicht besessen habe, die mir aber gerade in meiner jetzigen Lage eine sehr willkommene Lektüre sind; daß dieses Buch dem Pragmatisten James gewidmet ist, ist mir besonders deshalb interessant, weil auch mir die Beziehung meiner eigenen Anschauungen zum Pragmatismus besonders wichtig sind. Ich hatte ursprünglich auch die Idee, auf dem Titelblatt meines Buches meine Richtung als „Kritischen Pragmatismus" zu bezeichnen; ich unterließ es nur, weil ich damit etwas Unhistorisches in den Titel hineingebracht hätte, da ich meine Richtung damals, als ich das Buch schrieb (1877), eben als „Idealistischen Positivismus" bezeichnet habe. Und so habe ich diese Bezeichnung aus historischen Gründen beibehalten, aber auch aus sachlichen, damit meine Richtung noch besser gekennzeichnet wird.

Daß Sie dem Unterschied der Fiktion von der Hypothese eine besondere Aufmerksamkeit zuwenden wollen, ist mir sehr wertvoll zu erfahren; Sie haben damit ganz richtig erkannt, daß dieser Unterschied bisher nicht genügend beachtet worden ist. Es ist in der Tat sehr notwendig, hier haarscharf und prinzipiell einen Schnitt zu machen.

Bei Ihrer tiefgründigen naturwissenschaftlichen Erfahrung und Ihren ausgebreiteten historischen Kenntnissen wird es Ihnen möglich sein, bessere und treffendere Beispiele für die Bedeutung dieses Unterschiedes beizubringen, als es mir im Jahre 1877 möglich war. Es wäre überaus wertvoll, wenn Sie über diesen Unterschied eine eigene Abhandlung schreiben wollten, damit dieser Punkt auch von naturwissenschaftlicher Seite gründlich geklärt würde; ich wüßte nicht, wer sonst die Verbindung naturwissenschaftlicher und philosophischer Erkenntnis in demselben Maße besäße wie Sie, um die methodische Frage erschöpfend zu beantworten.

In aufrichtiger Verehrung

Vaihinger

P. S. Ich würde mich sehr geehrt fühlen, wenn Sie durch mein Buch veranlaßt wurden, dem Unterschied der Fiktion und Hypothese usw. eine eigene Abhandlung zu widmen und sehe einer solchen Publikation mit großer Spannung entgegen.

Da wir keine Stellungnahme Machs zur Vaihinger'schen Philosophie besitzen, ist eine Briefstelle von Cornelius aus dem Jahre 1911 von einigem Interesse. Wir können daraus auf die Meinung Machs schließen.

„... Das Vaihinger'sche Buch habe ich bisher noch nicht in die Hand genommen. Vaihinger gehört — namentlich seit ich ihn persönlich kenne — zu denen, gegen deren Produkte ich mich defensiv verhalte. *Da Sie aber Ansprechendes in dem Buche finden,* will ich es mir doch ansehen. Daß Vaihingers Kant nicht der echte Kant ist, davon bin ich überzeugt..."

NACHWORT

Ernst Mach nicht in Vergessenheit geraten zu lassen, ist ein gutes, wohlberechtigtes Unternehmen. Wenn auch Machs Einstellung zur Erkenntnis, ihre bloß psychologische Betrachtung, und Sinnesdaten als Weltelemente, heute überholt ist, so stellt er doch eine historische Gestalt von weitreichender Bedeutung dar. Vor allem hat er auf die Physiker einen großen Einfluß ausgeübt, der auch gegenwärtig noch nachwirkt. In den Werken, in denen Mach die Entwicklung der Mechanik und der Wärmelehre und der Optik darstellt, hat er nicht einfach eine Geschichte dieser Wissenschaften gegeben, sondern er hat damit auch die Grundlagen ihrer Erkenntnis aufzuweisen gesucht. Die Kritik physikalischer Grundbegriffe, die sich damit verbindet, hat eine erkenntnistheoretische Besinnung eingeleitet, die sehr erfolgreich geworden ist. So ist, was er hinsichtlich der Bewegung dargelegt hat: daß nur die gegenseitige, relative Bewegung erkennbar ist, und zwar auch in bezug auf die rotierende Bewegung, in der Relativitätstheorie durchgeführt und bestätigt worden. Machs Kritik und Erkenntnisanalyse ist vom Standpunkt eines radikalen Empirismus aus erfolgt. Er war der Ansicht, daß alle Begriffe, alle Erkenntnis auf Sinnesdaten beruhen und nur soweit legitim sind, als sie auf solche zurückgeführt werden können. Deshalb wollte Mach auch den Atomismus als etwas von derselben Art wie das unkonstatierbare Ding an sich aus der Physik ausscheiden — was sich allerdings als undurchführbar erwiesen hat. Mach hat die positivistische Richtung, die im letzten Drittel des 19. Jahrhunderts mächtig war, wirksam vertreten und durch seinen Einfluß ins 20. Jahrhundert fortgepflanzt. Im Anfang dieses Jahrhunderts war im revolutionären Rußland der Einfluß Machs, der „Machismus", so mächtig, daß Lenin eine eigene Streitschrift gegen ihn verfaßt hat, „Materialismus und Empiriokritizismus", deutsch 1909. In der philosophischen Bewegung, die in Wien von der Mitte der zwanziger Jahre bis 1936 lebendig war und deshalb „der Wiener Kreis" heißt, war der sensulistische Empirismus Machs, so wie der Russels in seiner „Erkenntnis der Außenwelt"

1900, grundlegende Voraussetzung. Carnap, eines der führenden Mitglieder des „Wiener Kreises", hat in seinem Buch „Der logische Aufbau der Welt" 1928 alle Begriffe außer den logischen und mathematischen, die Begriffe des psychischen, des physischen und des geistigen Bereiches, nur auf Grund von Erlebnissen logisch zu konstituieren gesucht — was freilich nicht zur Gänze gelingen konnte. Wie sehr man sich im „Wiener Kreis" mit Mach verbunden fühlte, kam auch offen zum Ausdruck. Als zur Förderung der Bestrebungen des „Wiener Kreises" ein Verein gegründet wurde, mit dem zusammen auch die Zeitschrift „Erkenntnis" als Publikationsorgan des „Wiener Kreises" herausgegeben wurde, erhielt dieser den Namen „Verein Ernst Mach". So war Machs Wirkung bis zum Zweiten Weltkrieg lebendig.

Wien, im Sommer 1964

Victor Kraft

MIX
Papier aus verantwortungsvollen Quellen
Paper from responsible sources
FSC® C105338

If you have any concerns about our products,
you can contact us on
ProductSafety@springernature.com

In case Publisher is established outside the EU,
the EU authorized representative is:
**Springer Nature Customer Service Center GmbH
Europaplatz 3, 69115 Heidelberg, Germany**

Printed by Libri Plureos GmbH
in Hamburg, Germany